U0166544

STARGAZING

PREFACE 前言

BILL NYE 比尔·奈

今晚，抬头看，当我们仰望夜空，宇宙的浩渺是任何人都无法了解领悟的。但是，有了这本书，你可以尝试对我们的宇宙有一个较为深刻的了解。伸出手，展开你的手臂，向上摆动并凝视夜空。从你的视角看，你现在遮挡住的恒星数量已经达到 10^{20} 以上，即便你耗费一生的时间来计数，也达不到这个数字。当你查看本书中令人惊叹的照片时，我希望你对能在夜晚看到多少颗恒星这个问题有别致的感受。我们多数人都生活在城市中，只能看到一小部分夜空，大部分夜空都被高楼大厦遮挡住了，即便在没有月亮的夜晚，城市灯光也会对观测夜空造成干扰，以至于我们只能看到木星、土星或者火星这些太阳系内行星反射的太阳光，火星看上去则有点偏红。但是，如果你花点时间到郊外，远离城市的灯光，那么你就会看到不一样的夜空，这也是本书想给你的启迪，你甚至会因此思考，去了解人类的起源。

观测夜空是一门古老的学问，在过去数千年的时间长河里，观星学者建立了夜空观测的秩序。基于现有的天文学理论，我们知道所有的化学元素，以及我们日常所见的水、气体、物质等都是由分子、原子构成的。这些分子、原子来自古老的恒星演化，形成了宇宙中较重的原子。当恒星耗尽自己的核燃料后，就无法支持引力的作用，导致了所谓的超新星爆发。爆发将恒星上的所有物质都重新喷射到黑暗的宇宙中，而我们身上的较重元素就来自超新星爆发。除了发光的恒星外，夜空中还有宇宙尘埃，尘埃在恒星（团）的照射下显得格外美丽。

由于我们在内心深处渴望了解宇宙，并且渴望领先于其他机构和国家，因此我们研发了先进的光学望远镜、射电望远镜来观测夜空，捕捉宇宙天体的美丽瞬间。虔诚的宗教人士们花费数十亿美元巨资来研究天堂，而喜欢研究科学的纳税人们也提供了大量资金用来建造先进的光学望远镜。在美国，最著名的观测宇宙的机构就是美国国家航空航天局了，我们常常也用 NASA 这个英文缩写来指代这个机构。NASA 唤起了人们对相关技术成就和观测成绩的尊重，并让我们惊叹于地球在宇宙中的位置。因此，本书集结了 NASA 在过去 60 年内拍摄到的惊人深空图像，这是太空探索为我们带来的最好礼物。NASA 的这些深空天体照片来自地面望远镜和航天器，每一张都令人赞叹不已。除此之外，我们的航天器进入轨道、火箭发射时的照片也一样令人惊叹，你会感受到将我们的航天器、宇航员送入太空黑暗空间所需要的强大力量。

就像许多高质量的书籍那样，本书使用高品质纸张印刷，文字使用了黑色油墨，与其他书籍不同的是，本书还有超大的开本和精致的外观，印刻着我们地球、夜空令人敬畏的细节。希望本书能激发你欣赏每一页的兴趣，令你想亲自看看地球的夜空。

INTRODUCTION 导语

世界上还有什么可以与晴朗的夜空之美匹敌的吗？数学家托勒密用富有诗意的语句描述了人类仰望苍穹时那种原始的敬畏目光：“我知道我天生就是凡人，并且生命是短暂的。但是，当我高兴地追寻天体时，我不再需要用脚接触地球——我站在宙斯面前，充满了欢乐。”我们凝视宇宙，以便更好地了解我们在宇宙中的位置，规划未知领域的路线，确定我们与其他天体的距离，或者只是在美丽而无边无际的太空之谜中畅游，夜空是永恒奇观的目的地。

如今，我们使用双筒望远镜、地面天文台和太空天文台观测宇宙，通过智能手机中的简单应用确定恒星和星系的大致位置。当然，我们可以用手机软件对地球大气层之外的卫星进行定位。但是，在人类历史的大部分时间里，任何一位业余观测者都可以毫无障碍地用肉眼观测天空。一些古老文明会使用天上的星星进行导航，还有一些文明使用夜空中的星星来标记它们的神话传说，绘制大量带有文化价值的插图。早期科学家创作的星图，即使是从古代流传而来，也会吸引现代人的目光。据我们所知，第一幅星图创作于公元 650 年，来自中国西部丝绸之路上的一个小镇。它似乎被小心地刻在一张纸上，并于 1907 年在一座寺庙中被发现。当时，一位道士不小心撞到了一堵墙，偶然发现了其中藏着的古老文献和雕塑。

最早的望远镜发明于 17 世纪。从伽利略和艾萨克 · 牛顿等人使用的较早形式的望远镜，演变为约翰 · 赫维留设计的 46 米长的望远镜（约翰 · 赫维留被认为是月球地形的发现者）。1609 年，伽利略第一次使用望远镜记录夜空，他的第一个重大发现是天空中的某些“恒星”实际上是围绕木星运行的卫星。

遗憾的是，早期望远镜由于玻璃质量较差，其放大能力并不强。在研制出更强大的望远镜之前，科学家们还无法证实他们关于恒星的理论。直到 18 世纪 70 年代，音乐家威廉 · 赫歇尔开始将注意力转向设计望远镜，这种情况才有所改善。通过反复试验，以及对英格兰巴斯夜空的仔细观测，他发现了一些重要的东西：天王星不是恒星，而是行星。

< 2016 年的英仙座流星雨

这张 30 秒曝光的图像记录了西弗吉尼亚州云杉岭上流星划过夜空的瞬间。进入大气层后，流星会将其前方的空气压缩，从而将流星加热到 1650℃。大多数流星都被高温蒸发了，也就产生了我们在天空中看到的流星。每年的英仙座流星雨在黎明之前最为显著，这是因为在清晨时分，地球面向太阳的一侧会被更多的陨石碎片撞击。观测英仙座流星雨的最佳方法是让你的眼睛适应大约 45 分钟的黑暗环境，然后躺在地上抬头注视天空。

从那时起，我们对宇宙的理解发生了变化。天王星就是第一个被“发现”的行星。在被乔治三世国王提升为宫廷天文学家之后，赫歇尔继续调试他的望远镜，并深入研究宇宙的奥秘。他曾自豪地说：“我比过去的人类看得更远，我可以观察其他恒星，可以证明光必须花 200 万年才能到达地球。”

随着 19 世纪晚期天文摄影的出现，对夜空的研究经历了一场复兴。肉眼和望远镜已不再是天空观察者的唯一工具。现在，拍摄天文现象已成为一门严肃的学科，尤其是在干板摄影技术创新之后，这项技术能帮助科学家和摄影师更多地了解深空。1871 年以后，天文学家开始对星云、星团和星系进行成像观测，更长的曝光时间也帮助我们捕捉到了昏暗、遥远的恒星以及各种宇宙现象的画面。

1923 年，天文学家爱德文 · 哈勃使用天文摄影技术对仙女座星系进行了定位，同时也确定了许多造父变星与地球的距离。造父变星是极为明亮的恒星，存在可预测的振动周期。如果没有天文摄影技术，哈勃就无法记录造父变星随时间变化的位置和亮度，也就无法测量距离。基于天文摄影技术，哈勃发现了仙女座星系其实是个大星系，存在于银河系之外。这一发现彻底改变了我们对宇宙空间的理解。哈勃证明，在夜空中可见的光云其实是星系。星系存在的距离很远，远超出银河系，并且科学家认为宇宙中有无数的星系。哈勃通过天文摄影技术显著地扩展了我们对宇宙距离的认识。

如今，随着哈勃望远镜等太空望远镜和地面天文台越来越先进，科学家们能够对更加遥远的宇宙进行研究，这完全超出了过去大多数科学家的想象。但是，仍然有许多天文学家在继续制作星图，并在我们的夜空中找到更加遥远、昏暗的天体，并且将庞大的宇宙缩小到可视的程度。

地球的运动和季节的变化总是会改变我们观测天空的角度，你不必成为地图集制造商或科学家，就可以欣赏从星座到流星雨等所有天象。在我们很小的时候，我们中的许多人就学会了简单识别星座的方法，例如，寻找北斗七星。你只需找到明亮的北极星，北极星位于地平线往天穹顶方向大约三分之一的位置，如果你从北极星向下追踪，就会在北斗七星的手柄末端找到两颗亮星。北极星也是小北斗七星中最亮的恒星，位于七颗亮星的末端。猎户座腰带是另一个易于观测的星座，其中包含三颗明亮的恒星。如果你沿着猎户座腰带的右下角搜寻，就会看到一排垂直且模糊的恒星，这些恒星组成了猎户座的宝剑。中间的“恒星”实际上是猎户星云，它是夜空中最亮的星际气体和尘埃云之一。

不过，当你在南半球，这些观测规则就会发生改变！虽然在北半球，北极星高高耸立在天穹，位于赤道附近的地平线上方，但是当你沿着赤道向南半球旅行时，却完全看不见北极星。由于南半球受光污染的影响比北半球少，因此，在这里可以用肉眼看到北半球看不到的众多天体，其中包括太阳系附近的恒星、矮星系和宏伟的星团等。此外，在北半球常见的星座，比如，北斗七星、仙后座和仙王座等，在赤道以南是“倒置”的，有些则看不见。

你可能会在夜空发现的其他现象

在本书中，你会看到许多天体现象的照片，包括月食、日食、夜

明亮的仙女座星系

这张明亮的仙女座星系图像展示了该星系的整体轮廓，由新墨西哥天空天文台拍摄，曝光时间长达 10 分钟。我们可以在黑暗的夜晚通过双筒望远镜观测到仙女座星系，它的视直径是满月的 6 倍。如果我们用肉眼观察，可见部分为与月球大小相近的星系中心隆起结构及其周围的星系盘；如果我们借助设备观测仙女座星系周围的巨大旋臂，那么此时该星系可占据约 20 度的夜空，相当于 40 个满月。仙女座星系非常庞大，拥有约 1 万亿颗恒星，与之相比，我们的银河系就小了一些，只有 1000 亿 ~4000 亿颗恒星。但是，银河系比仙女座星系的质量更大，这是因为银河系的暗物质质量更多。

光云、闪电和地球南北极充满活力的极光等。这些图像是从地球或者国际空间站拍摄的，国际空间站是围绕地球公转的人造航天器，运行高度距离地面 400 千米左右。此外，你还将发现从地面以及太空望远镜拍摄的深空图像，这些图像显示，宇宙中几乎没有望远镜看不到的现象，连黑洞都可以直接成像。不过仙女座星系是一个例外，它是我们可以用肉眼观察到的最遥远天体，距离我们 253.7 万光年。

除了深空天体，你还会看到几张流星雨的图像，例如，狮子座流星雨（由坦普尔—塔特尔彗星碎片形成）或英仙座流星雨（由斯威夫特—塔特尔彗星碎片形成）。当地球经过彗星的轨道时，彗星的尾部会留下一些碎片，流星雨就出现了。虽然流星雨有时可能会被光污染或满月的亮度所掩盖，但它们可以在空中持续出现数小时。彗星也是非常罕见的天体奇观，我们通常不用望远镜就可以看到。比如，哈雷彗星是唯一一颗经常回归地球的彗星，许多人一生中可以看见一次，运气好可以看见两次。哈雷彗星最近一次回归是在 1986 年，它每隔 76 年回归一次。

在一年中大部分时间内，夜空中还有一些可见的行星，比如，水星、金星（天空中第三明亮的天体，仅次于太阳和月亮）、火星、木星和土星等。如果你想知道如何区分恒星和行星，答案其实很简单。恒星发出核聚变产生的光，而行星只能反射恒星的部分光。如果我们判断夜空中的某个天体是行星，主要依据是它的位置相对于背景恒星会发生移动，并且其亮度根据与地球的距离不同而变化。恒星则相反，由于地球大气中的湍流作用，恒星似乎也会不断闪烁，那些距离地球更近，且相对较大的恒星会发出更稳定的光。如果你可以识别出天空中的两颗行星，并将它们用一条看不见的线连接，那么你已经找到了黄道面的一部分，黄道面也是太阳每天升起和落下的轨迹。实际上，如果你沿着黄道面观测，就可以发现更多行星。

本书还为你展示了超新星爆发的图像。超新星是我们已知的宇宙中最大的爆发之一，一颗大质量恒星在演化末期可形成 1 型超新星（恒星从伴星吸积物质时，引发大规模的核反应）或 2 型超新星（当恒星的核燃料储备减少之后，在其自身引力作用下坍缩）。尽管我们无法准确估计超新星爆发出现的频率，但科学家推测，它们每 20 年到 200 年发生一次。由于空间中的气体和尘埃云阻碍了观测，所以我们看不到宇宙中许多的超新星爆发。自有记录以来，最后一个在白天都能看到的超新星爆发是在 1572 年。1006 年，我们发现了有史以来最明亮的超新星爆发，它位于更遥远的宇宙，爆发的亮度超过了金星的 16 倍，这次事件同时被中国、日本、伊拉克、埃及和东欧的观察者所记录。

超新星爆发是一种比较少见的高能天体事件，本书也有我们日常能见到的天体景象，如银河。在北半球，银河在夏季时高挂于天空，冬季时在天空的位置就没有那么高了；在南半球，冬季时银河则高高挂在我们的头顶。世界各地一览银河的最佳时节是 3 月中旬至 10 月中旬，在这段时间内，太阳不会遮挡明亮的银河系中心（银河系的核心）。在北半球，你可以在南部的天空看到银河系中心；在南半球，你需要往北观测才能找到。大多数情况下，银河就像一条横跨天空的云带。银河系中心附近的区域非常厚实并呈隆起状，因为这里有成千上万颗恒星，它们与我们相距数光年。许多天文学家和天文摄影师建议在黑暗的环境中观测银河，具体说来，需要半径 30 千米内没有路灯，如果你在北半球，夏季的晚上 11 点左右就是一个理想的观测时间。

虽然我们可以看到遥远的宇宙天体，但我们也能识别离地球更近的天体现象。比如，白天或晚上你都可以看到轨道上国际空间站，这个人造物体距离地球表面大约 400 千米，以每小时 2.8 万千米的速度运行。NASA 甚至开设了一个追踪国际空间站的网站，并告知观测空间站的特定时间和地点。在某些时候，国际空间站是夜空中第三亮的物体，这取决于其位置——比如，在靠近地平线或距离地平线较远的位置时，国际空间站显得更亮。

天文学家经常建议我们要学会用肉眼识别行星和星座，并了解它们一年四季的位置变化。用这种方式观测天空，会让使用望远镜观测变得更加容易。天文学家还建议在寒冷、晴朗的冬夜观察天空，因为夏天的大气湿度更高，会产生朦胧的水汽遮挡，对观测造成干扰。最好是在新月时观测夜空，这样可避免满月的光芒对观测夜空造成干扰。如果你想使用天文望远镜或双筒望远镜观察月球，最好在蛾眉月时期进行观测，因为这时月球的阴影会提供更多的细节和月面地貌。

尽管你所处的位置、天气条件和光污染水平将极大影响你对夜空的观测，但天文望远镜和双筒望远镜会帮助你识别宇宙天体，例如，星团或土星环。借助望远镜等设备，我们可以看到超过 9000 颗恒星；在不使用望远镜的情况下，肉眼只能看到约 2000 颗恒星。在这些恒星中，只有少数在亮度和大小上与我们的太阳类似，即处于中年的黄矮星。其余恒星比我们的太阳要大得多，亮度通常是太阳的数千倍。在城市地区，大约可观测到 400 颗恒星，天空中最亮的 50 颗恒星中，半人马座阿尔法星（距地球 4.367 光年）是最暗的，它的亮度仅为太阳的 1.5 倍！一些观星者报告说，他们在白天的天空中看到了特别明亮的恒星，但这并不寻常，除非在日食期间才有可能。

夜空观测的未来

与夜空一样令人惊叹和震撼的是城市中的光污染，全球众多地区都被光污染所影响。实际上，由于光污染，北美 80% 的人口和欧洲 60% 的人口都无法看清天上的银河，夜间的光照强度太大不仅会给天空观察者带来麻烦，还会影响鸟类的飞行，甚至破坏动物的栖息方式。由于光污染传播距离太远，也影响到本该黑暗的天空和自然保护区。据有关媒体报道，光污染最少的地区是乍得、中非共和国和马达加斯加。

可悲的是，随着时间的流逝，夜空产生的奇观可能变得越来越稀少。即使是从外太空看，光污染产生的持续雾霾也笼罩了全球。在未来的数十年内，我们如今在晴朗的夜晚能够欣赏到的景象可能不再可见。自 20 世纪工业兴起，适宜的观测条件也大大减少，甚至可能成为过去，这使得本书收藏的图像多了几分凄美，且令人敬畏。

天文学家卡尔 · 萨根曾感慨地指出人类最古老的爱好能够延续至今的奥秘：“在我们创造文明之前，我们的祖先就生活在这片没有被污染的苍穹之下。在灯光被发明、大气被污染、夜间娱乐活动普及之前，我们先看到了天上的星星。我们之所以无法看到各种天象，其中许多是时间周期上的问题，当然也有其他的原因。即使是今天，如果生活在快节奏城市中的居民看到满天星辰，也绝对会因此感动，即便发生在我们这些天空观测者的身上，也仍然会屏住呼吸。”

PHOTOGRAPHS FROM

THE ARCHIVES OF NASA

NASA典藏夜空图片

国际空间站上观测宇宙天体

这张照片由远征 44 号机组人员在国际空间站上拍摄，展示了银河系密集的恒星集群。国际空间站运行高度距离地球 300 多千米，是一个较为理想的观测平台，可避免大气对观测的干扰，且 1 天之内可绕行地球 16 圈，观测视野几乎不受限制。这张图片的上半部分是空间站的太阳能电池板，下半部分展示了赤道附近的太平洋海域，浓密的云层几乎覆盖了整个洋面。右下角的亮点是云层透射出来的闪电光芒，也映衬到了太阳能电池板上，最终被摄像机捕捉到。恒星集群中存在不规则的块状暗区，它们由大量尘埃云构成，遮挡了我们对银河系中心附近区域进行观测的视野。

< 半人马座欧米伽球状星团

位于半人马座的欧米伽球状星团是银河系中最大、辐射最强的球状星团，在美国南部的部分地区可见，且在 4 月下旬、5 月和 6 月最为明显。如果你在南半球进行观测，会发现欧米伽星团是天空中最亮、高度最高的天体。从轮廓上看，球状星团基本上呈对称的圆形，在引力的作用下，数万至数百万颗恒星聚集在一起，形成了球状“家园”。欧米伽星团距离地球 1.6 万 ~1.8 万光年，位于银盘之外，也是银河系中为数不多可用肉眼看到的球状星团之一。

> 人马座 A*

这张图像是人马座附近的银河系中心致密区，拥有大量的恒星，相当拥挤。这里还有一个我们无法在图中找到的天体——一个名为人马座 A* 的黑洞，其质量大约是太阳的 400 万倍，距离地球大约 2.6 万光年。人马座 A* 黑洞是我们已知的宇宙中，天文学家观测到周围物质流动的少数几个黑洞之一，同时也发现黑洞吞噬了周围的尘埃云，大量恒星围绕其公转。根据天文学家的观测，受黑洞引力影响的物质只有不到 1% 抵达了事件视界，仍然有大量物质在抵达事件视界时因相互碰撞被弹出。这张照片由哈勃望远镜广域行星 3 号相机拍摄，也是银河系中心附近区域最详细的一张图像。

爆发的气泡

这是一张由斯皮策红外空间望远镜拍摄的 RCW 79 发射星云的伪彩色图像。发射星云拥有可发出各种波长光的电离气体，该星云跨度达到了 70 光年，距离地球大约 17.2 万光年，位于半人马座方向。RCW 79 发射星云仍然在不断扩大中，产生了许多的新生恒星，大量的气体和尘埃扩散到了星际空间。在星云边缘的淡黄色亮点其实是新生的恒星团，在“气泡”的左下边缘还有一片较大的恒星形成区，这些恒星发出强大的紫外辐射，继续激发“气泡”内的尘埃并使之发光，呈现在斯皮策红外空间望远镜的红外传感器前。

吃豆人星云

吃豆人星云编号为 NGC 281，这是仙后座星座中的恒星状星云，距离银河系英仙座旋臂上的地球约 9200 光年。在大多数观测图像中，吃豆人星云的“嘴部”看上去较为昏暗，但是在红外图像中却发出明亮的光芒。该星云中的恒星数量庞大，强大的恒星风在星云内流动，并且扩散到宇宙空间，产生大量的气体和尘埃。这些恒星的质量庞大，因此，多数会进入超新星演化阶段，为新生恒星提供原始物质。

基律纳的天空

这张照片展示了瑞典基律纳市附近雅斯兰吉航天中心上方的深蓝色天空，由 NASA 资助的用于调查辐射带相对论电子损耗的探空气球从这里被释放，内部安装了 6 个科学载荷。科学家通过这些探空气球对北极附近大气中的 X 射线进行观测，研究地球电离层中的电子含量。大气层中的 X 射线来自范艾伦辐射带，由两个带电粒子群组成，太阳风为其提供带电粒子，距离地面大约数千千米。图中还可看到天空中有绿色的光芒，这就是极光。

< Oriole IV 探空火箭升空穿过极光

这是一张延时曝光的 Oriole IV 探空火箭升空图像，其携带了“探测空间结构的探测器”（ASSP），可研究带电粒子流如何在地球大气中上升并产生极光，探测器上携带了一种大型仪器和六种小型探测装置。延时摄影展示出 Oriole IV 探空火箭的优美弹道，似乎火箭在极光中翩翩起舞。

∧ 双子座流星雨

这张图展示了壮观的双子座流星雨伴随着不断闪烁的北极光在挪威上空出现的情景。双子座流星雨在每年 12 月中旬出现，流星体以每小时 12.55 万千米的速度穿过地球大气层，并发出各种颜色的光芒。在理想的气象观测条件下，我们肉眼在 1 小时内可观测到近 100 颗流星。与其他流星体相比，双子座流星体更受观星者的喜爱，因为流星体的碎片更大，燃烧的时间也更久。双子座流星雨辐射点来自一颗名为“3200 Phaethon”的彗星残骸，该彗星已经解体，表面的冰物质都已经蒸发。每年 12 月，地球穿过彗星残骸区域，流星雨就形成了。

气辉

气辉现象由瑞典科学家安德斯·埃格斯特朗于1868年发现，他最初的研究方向为北极光。极光出现的频次不高，但是他注意到在高层大气中一直存在某种辐射现象。极光由带电粒子与靠近两极的行星磁场相互作用引起，而高层大气中的粒子存在于距离地球表面100千米的高度，与太阳光和太阳辐射碰撞时会产生气辉。高层大气中的粒子在碰撞之后会释放出光子，在大气层边缘形成一层光罩。气辉可分为三种：第一种为日光气辉，当太阳光在早晨照亮大气层黑夜半球的边缘时，会产生日光气辉；第二种是暮光气辉，在黄昏时分，地球昼夜分界线上产生的一小束光可形成这种气辉；第三种是夜光气辉，太阳辐射导致氧和氮粒子在高层大气中分解，形成夜光气辉。在近地轨道上可以观测到比较美丽的气辉，但在地面上观测就比较困难了，因为气辉的亮度只有太阳光的十亿分之一，因此难以观测。

地球高层大气

这张图像展示了在地球高层大气看太阳的壮观情景，这里位于地球的电离层，处于大气层与太空的边缘。从地面上很难对高层大气进行直接观测，但我们知道高层大气的波动对底层大气的气象、空间天气都有影响与反馈，包括太阳风暴和各种高能宇宙现象所形成的大量带电粒子流。如果太阳爆发粒子风暴，在短短 1 小时内，地球的高层大气就会出现频繁而剧烈的波动。

洛夫乔伊彗星掠过南半球的天空

NASA 远征 30 号机组宇航员丹 · 布班克拍摄到的洛夫乔伊彗星照片，这颗彗星在绕过近地点后折返，此时位于南半球的天空。图中还可以看到高层大气的气辉，这是高层大气与太阳光相互作用的结果。正是由于气辉的存在，我们从地面上看到的夜空才不是完全黑暗的。

∧ 远眺 5950 万千米外的洛夫乔伊彗星

洛夫乔伊彗星位于遥远的大熊星座方向，如果你有一副较好的双筒望远镜，就可以在晴好的夜晚看到它。这张 3 分钟长曝光的图像勾勒出洛夫乔伊彗星的轮廓。拍摄这张图像时，洛夫乔伊彗星距离我们大约 5950 万千米，其运行到了近日点附近。这颗彗星在安全绕过近地点后，又运行了 2 年时间再次接近太阳，并以每秒 20 吨的速度蒸发水。尽管大多数彗星在远离太阳的轨道上运行，但天体引力会对彗星轨道产生干扰，使彗星的近日点更靠近太阳，导致其以更快的速度蒸发并释放出气体。

> 从国际空间站看洛夫乔伊彗星

这张洛夫乔伊彗星的照片由国际空间站上的宇航员拍摄，图中我们还能看到满天星辰。洛夫乔伊彗星属于克鲁兹族彗星，科学家认为该彗星起源于一颗质量更大的彗星，这颗彗星在数百年前解体，形成了多颗近日点相近的彗星。克鲁兹族彗星碎片的近日点非常靠近太阳，在太阳风和辐射的作用下，彗星上的冰物质蒸发速度加快，形成了丰富多彩、引人注目的画面。

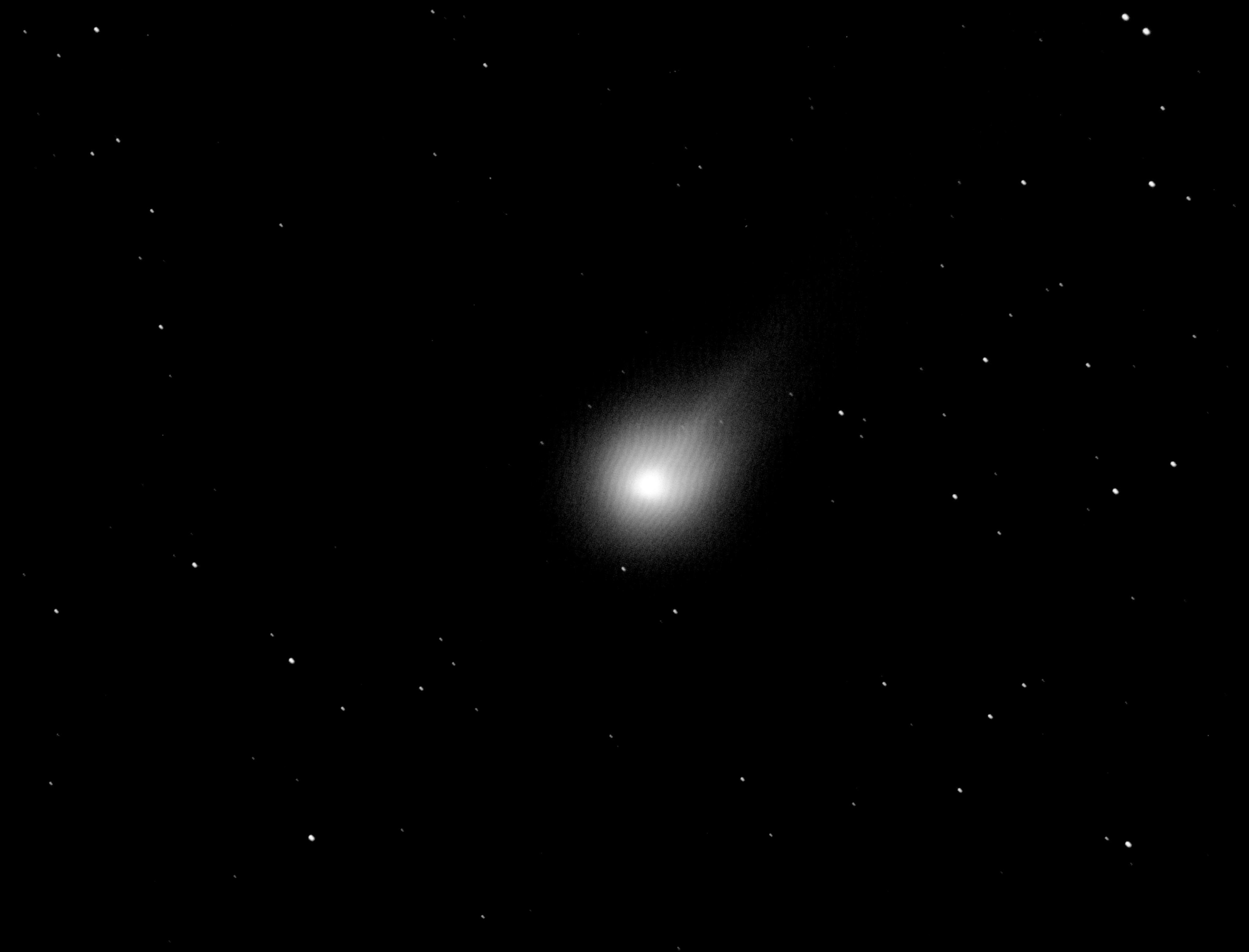

距离地球 6440 万千米的洛夫乔伊彗星

这张洛夫乔伊彗星的照片拍摄于 2013 年 11 月 26 日，当时全世界的观测者都在等待艾森彗星抵达近日点。洛夫乔伊彗星此刻距离地球大约 6440 万千米，为狂热的星空观察者提供了令人印象深刻的画面。从图中可以看出，洛夫乔伊彗星的彗尾非常突出，周围被其发出的绿色辉光的彗发包裹。科学家发现，洛夫乔伊彗星上存在着一定含量的酒精和糖类等有机分子，甚至可能存在复杂的生命分子，这些分子可能参与了生命的形成。

潘斯塔斯彗星

2013 年 3 月 12 日，科学家亚伦 · 金瑞拍摄了这张潘斯塔斯彗星的图像，这颗彗星位于本图中间偏左的位置。此刻，潘斯塔斯彗星正在傍晚的天空中移动，亮度已经达到最大值。潘斯塔斯彗星在前 2 天已经绕过近日点，正掠过地球附近。科学家认为，潘斯塔斯彗星在 10 万年之内都是可见的，但之后我们无法看到它，因为潘斯塔斯彗星绕太阳公转一圈需要 1 亿年以上的时间，当它奔向轨道的远日点时，将逐渐远离我们的视野，直到消失不见。

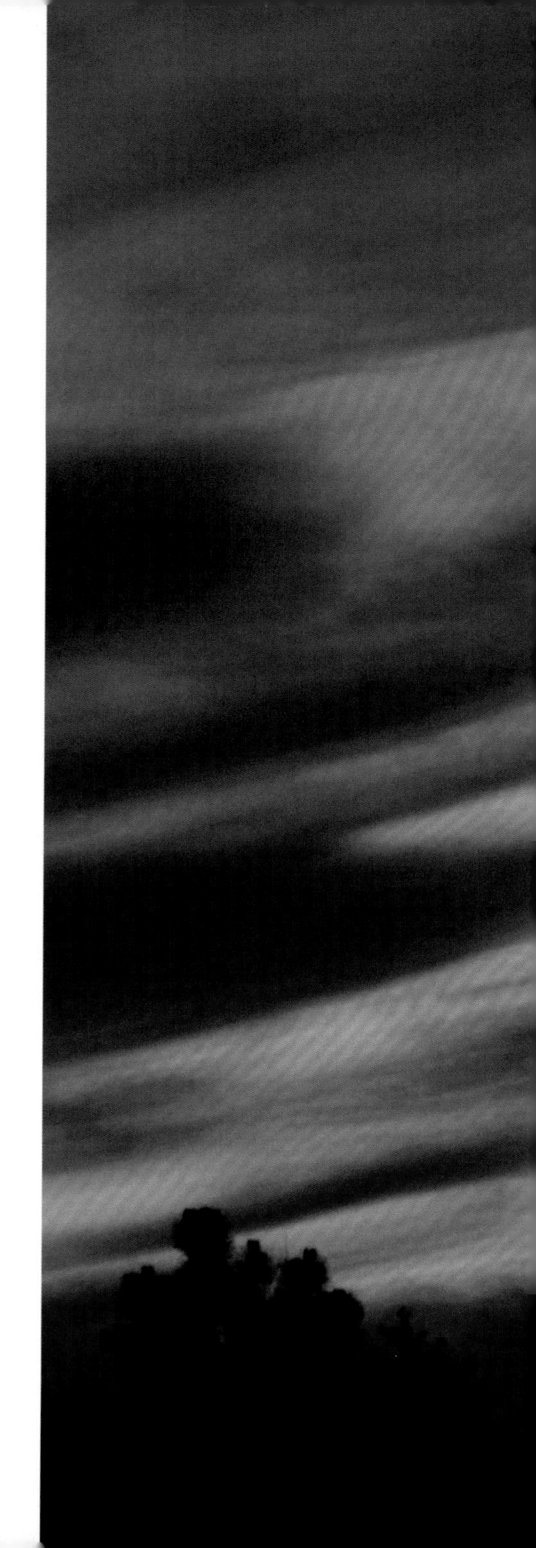

洛夫乔伊彗星掠过智利上空

国际空间站远征 30 号机组成员之一拍摄到了洛夫乔伊彗星的照片，此刻该彗星位于智利海岸上方。洛夫乔伊彗星位于本图中间偏右的位置，国际空间站的工作人员已经习惯于在夜晚的一侧观测靠近地球地平线的彗星，这样洛夫乔伊彗星会呈现出一个长长的发光弧。由于大气层对观测的干扰，我们在轨道上看洛夫乔伊彗星与在地面上看到的是两种不同的景象。

在大气层中烧毁的天鹅座货运飞船

无人驾驶的天鹅座货运飞船完成补给任务之后脱离国际空间站，在太平洋指定海域上空解体烧毁。当宇宙天体、人造飞船进入地球大气层时，剧烈的摩擦会产生高温，导致再入物体燃烧。尤其是当块头较大的物体进入大气层时，前方的空气被剧烈压缩，产生强大的热量，在这种情况下，再入物体在抵达底层大气之前就会完全分解，残余的碎片也会在到达地面之前全部烧毁。对于载人航天器而言，需要在飞船上安装隔热瓦等装置，才能确保在重返大气层时不会被烧毁、解体。

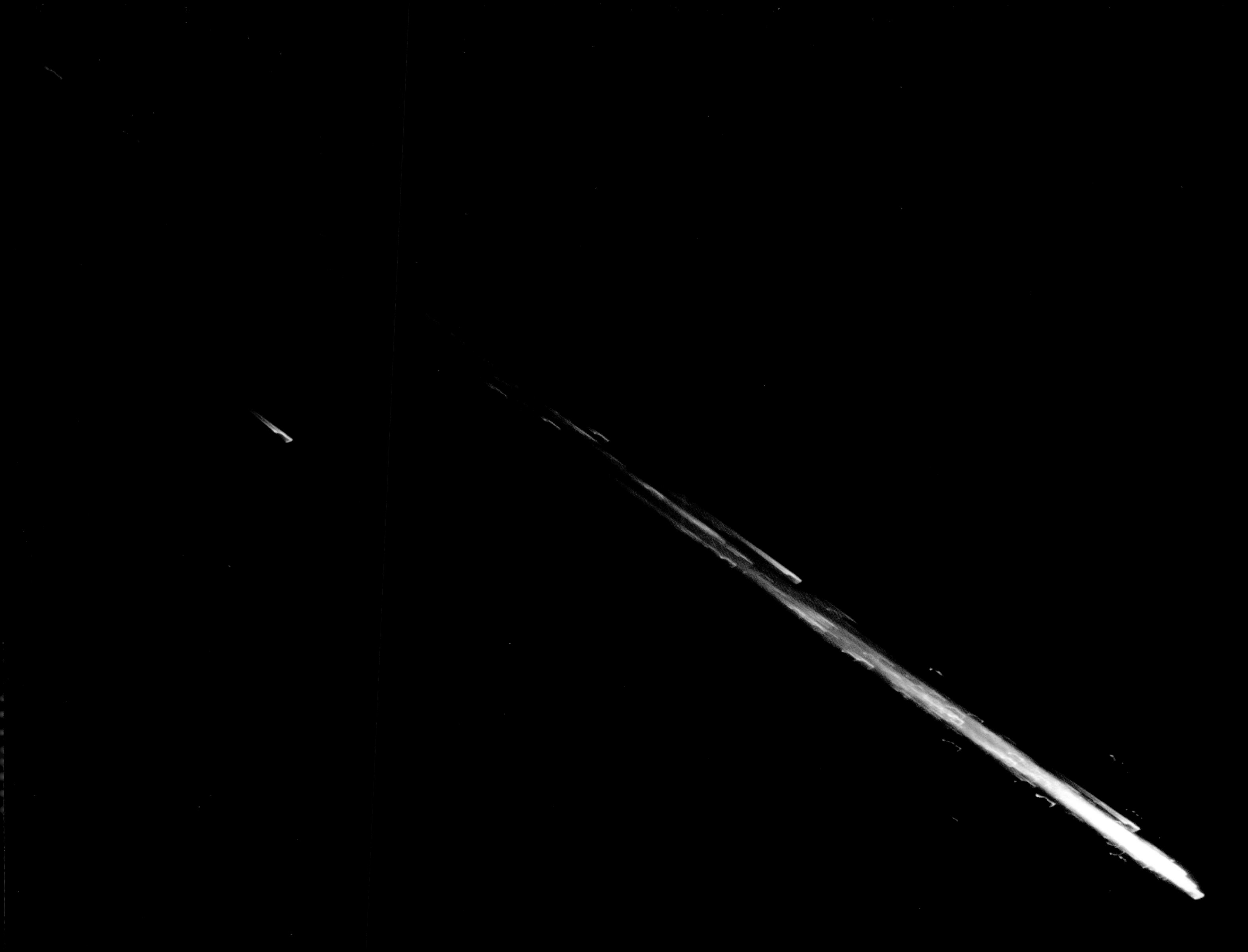

流星从联盟号载人飞船上空掠过

当联盟号 TMA-19M 载人飞船准备从拜科努尔宇宙飞船发射时，哈萨克斯坦上方的天空出现了一颗流星，这一幕正好被相机捕捉到。乘坐联盟号 TMA-19M 载人飞船的是俄罗斯联邦航天局宇航员尤里 · 马连申科，NASA 的飞行工程师蒂姆 · 科普拉和蒂姆 · 皮克，三人机组将在国际空间站进行为期 6 个月的工作。为了进入轨道，载人飞船的速度需要达到每小时 2.7 万千米，在接近国际空间站时，联盟号载人飞船出现了自动对接系统故障，迫使宇航员尤里 · 马连申科手动进行对接。

从远处拍摄的奋进号航天飞机升空

这张令人惊叹的图像展示了奋进号航天飞机升空的情景。奋进号这次的任务是将宇航员送到国际空间站，这是奋进号的第 19 次发射升空，也是航天飞机计划的第 112 次发射任务。在为期 14 天的轨道任务中，奋进号将超过 1134 千克的货物运抵了空间站。

< 近距离拍摄的奋进号航天飞机升空

奋进号航天飞机从肯尼迪航天中心发射升空。实际上，奋进号肩负着建造国际空间站的部分责任。它于 1998 年 12 月执行了建造国际空间站的任务，将美国制造的第一个舱室运到轨道上，并与俄罗斯的空间站模块对接。

> 火箭升空轨迹

这是波音公司制造的一枚三角洲运载火箭升空的画面，火箭搭载了彗核旅行号航天器，对两颗彗星的化学成分进行探测。这两颗彗星分别为恩克彗星和 73P/ 施瓦斯曼—瓦赫曼 3 号彗星。恩克彗星的公转周期为 3.3 年，而 73P/ 施瓦斯曼—瓦赫曼 3 号彗星也是一颗周期性彗星，但正处于分解阶段。令人遗憾的是，在航天器即将被推进地球轨道之外时，一台发动机燃烧导致航天器解体。

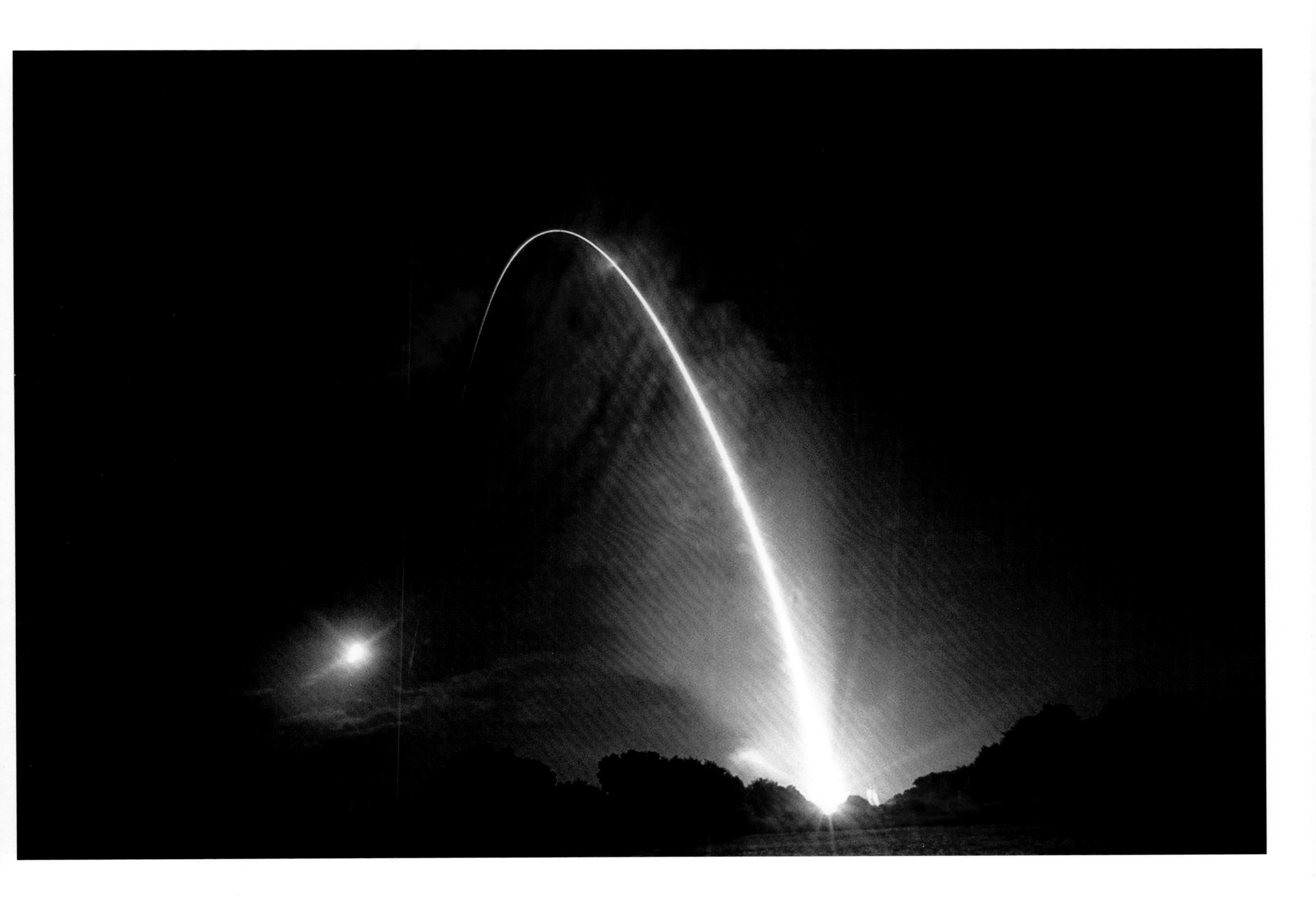

航天飞机在夜晚发射升空

1983 年 8 月 30 日，挑战者号航天飞机升空，搭载 STS-8 机组人员进行第三次太空飞行。机组成员为理查德 · 特鲁利，飞行员丹尼尔 · 布兰登斯坦以及任务专家戴尔 · 加德纳、盖伊 · 布鲁福德和威廉 · 索顿。值得注意的是，盖伊 · 布鲁福德是第一位非洲裔美国宇航员。在这次任务中，挑战者号航天飞机将释放一个小型载荷，下降到 224 千米的高度对这里的氧原子进行检测。挑战者号航天飞机还搭载了一个动物实验装置，里面有 6 只实验鼠，科学家试图确定动物在太空中的反应。令人遗憾的是，在 1986 年 1 月 28 日的发射中，挑战者号航天飞机因为增压发动机故障导致升空后 73 秒发生爆炸，机组人员全部遇难。

满月下的安塔里斯火箭

搭载着天鹅座航天器的安塔里斯火箭由轨道科学公司研发，正矗立在发射架上。此刻，天空中出现了满月，天鹅座航天器将携带补给货物进入国际空间站，以供宇航员日常使用。橘红色的月亮实际上是一个超级月亮，因为此时月亮抵达了距离地球最近的地方。我们知道，月食常常使月亮看上去变红，但是当月亮靠近地平线时，月亮也可能呈现橙色或红色。这是因为当光接近地球时，会与大气中的原子和分子发生作用，将红光投射到月亮上，于是我们看到的超级月亮才会有点偏红，这就是宇宙天体在地球上看比在太空中看起来更红的原因。在太阳或者月球升起或落下时，看起来都有些偏红，也是由于这些光穿过地球高层大气时散射了许多蓝光，让更多的红色进入我们的眼睛。

< 亚特兰蒂斯号航天飞机

2009 年 11 月 16 日，亚特兰蒂斯号航天飞机准备从佛罗里达州的肯尼迪航天中心发射升空，执行 STS-129 任务，向国际空间站交付众多设备，包括两个备用陀螺仪、两个氮气罐以及维修国际空间站机械臂的材料。本次飞行还需要将机组人员妮可 · 斯托特带回地面，斯托特已在国际空间站的轨道实验室工作了两个多月。亚特兰蒂斯号是第一个发射行星际探测器的航天飞机，当时麦哲伦号通过航天飞机进入轨道，测绘了金星表面 98% 以上的地貌特征。亚特兰蒂斯号还发射了伽利略号探测器，该探测器研究了木星，甚至还抓拍到了一颗小行星被行星引力所捕获的特写镜头。1994 年，苏梅克 9 号彗星与木星相撞，亚特兰蒂斯号参与观测，这也是第一次观察到一颗彗星坠入行星。亚特兰蒂斯号也是最后访问哈勃太空望远镜的航天飞机，对哈勃望远镜进行了重要的维修，添加了一些设备，使望远镜能够收集到紫外线数据，更好地观察暗物质和暗能量。

> 哥伦比亚号航天飞机

本图中哥伦比亚号航天飞机正在发射升空，在此之前出现了 2 次发射均未升空的情况。1999 年 7 月 23 日，哥伦比亚号航天飞机执行为期 5 天的任务，在轨道上释放了钱德拉 X 射线天文台，这是一颗绕地球运行一圈达 64 小时的空间望远镜。像哈勃望远镜一样，钱德拉 X 射线天文台观察到一些我们所知道的最遥远宇宙现象。在本次飞行中，哥伦比亚号航天飞机的指挥官为艾琳 · 科林斯，她是首位担任航天飞机指挥官的女性。可悲的是，在 2003 年 2 月执行最后任务期间，哥伦比亚号在得克萨斯州上空的地球大气中解体，7 名机组人员全部遇难。

酷似钻戒的日全食

这张照片拍摄于 2017 年 8 月 21 日的日全食期间，在这次日全食事件中，太阳几乎被全部遮挡，只剩下周围一圈发光的环，酷似一枚钻戒。图中我们还可以看到日冕物质。

< 2016 年出现的夜光云

这张照片由国际空间站飞行工程师蒂姆·皮克在空间站上执行任务时拍摄。这些云是高空的夜光云，当太阳在地平线以下时，地面上的天空看起来很暗，但这些云仍然会被照亮。在过去 30 年中，卫星观测显示夜光云更频繁地出现在较低的高度。形成夜光云的粒子来源目前未知，但是我们知道在夏季的北极极昼环境中也会形成夜光云。极地上方的温暖空气有可能从较低的大气中带走灰尘，从而使较高大气中的水出现冷凝，尘埃也可能从太空掉落到大气中。许多科学家认为，通过研究地球的夜光云，我们可以对出现在其他行星（如火星）的高空低密度云进行建模研究。

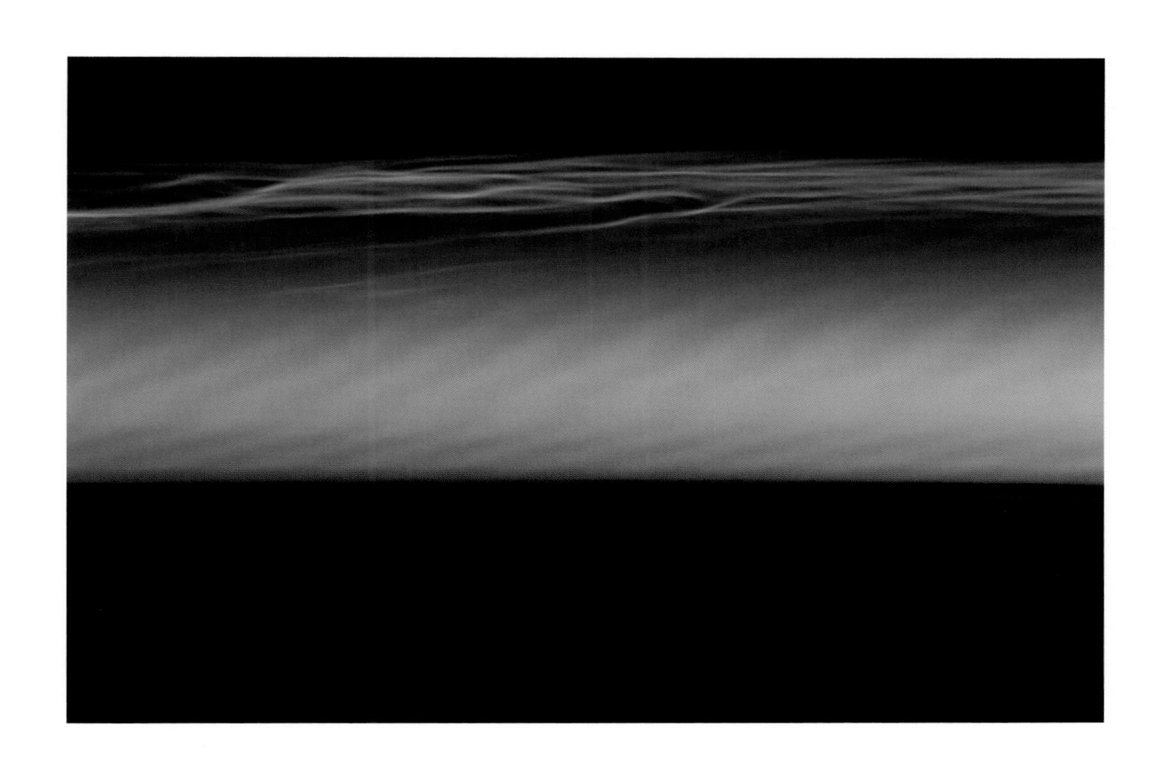

∧ 2012 年出现的夜光云

国际空间站在经过中国西藏上空时捕捉到了这张幽灵般的影像。夜光云通常在黄昏时可见，它们也被称为极地中层云，形成于地球表面 76~85 千米的高度，距离大气中间层仅几千米。中间层是地球大气最冷的区域，在这个高度上，水蒸汽会冻结成冰晶。近年来，科学家们密切观察了与气候变化有关的夜光云，大气波动会导致夜光云的亮度和频率发生改变。由于中间层大气密度低且温度极低，因此该区域的微小变化也可以揭示很多有关大气的信息。

蛇夫座泽塔星

图中发出明亮蓝色光芒的是蛇夫座泽塔星，周围笼罩着大量气体和尘埃云。蛇夫座泽塔星被认为曾是某个双星系统的一部分，当它的伴星爆发之后，蛇夫座泽塔星脱离了这个双星系统的引力场，像炮弹一样被射入太空。如果没有周围尘埃云的遮挡，蛇夫座泽塔星会更亮。科学家发现，蛇夫座泽塔星的恒星风以每小时 86 905 千米的速度向周围扩散，这个速度足以穿透周围的物质屏障。当恒星风从恒星中吹出时，它们会在恒星周围的尘埃云上产生波纹和弓形冲击，这一幕只有在红外波段的观测下才能看到。弓形冲击类似于音爆，当飞机或其他航空器以比音速快的速度移动时，就会发生此类现象。弓形冲击波周围的区域会在红外波长下波动，并形成弧状。当两个不同区域的气体和尘埃碰撞形成弓形震荡时，运动速度不会相等，而会出现一快一慢的现象，这与气体和尘埃云密度有较大关联。太阳的恒星风速度比较慢，因此，当太阳风遇到星际气体时，不太可能会产生弓形冲击波。

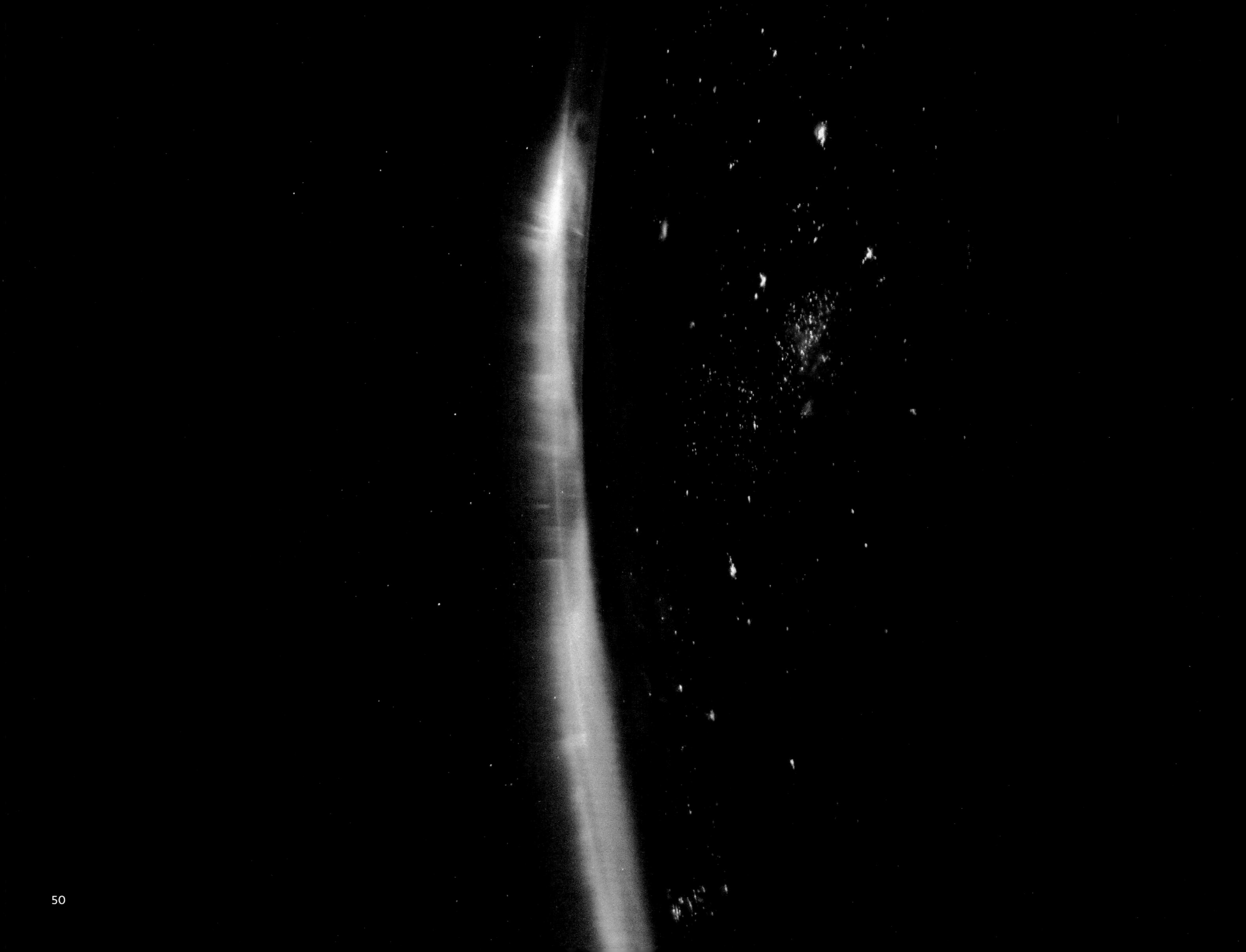

< **明亮的极光**

这张极光图像是由欧洲宇航员、飞行工程师托马斯·佩斯克在国际空间站拍摄的。当出现极光时，太阳风中的电子和质子会与地球的磁层相互作用，氧气和氮气分子受到激发释放光子。地球的两极都会出现极光，极光颜色与太阳风强度有关，也与氧气和氮气分子的数量有直接关联，极光呈现的起伏模式与地球磁场的形状有关。

∧ **星系盘**

这是著名的旋涡星系 NGC 2841，距离我们大约有 4600 万光年，位于大熊星座。年轻的恒星勾勒出星系的旋臂，从明亮的星系中心向外延伸。值得注意的是，NGC 2841 星系中并没有隐藏的发射星云，因为这些区域呈现粉红色。发射星云是恒星形成的摇篮，如果它们不存在，就说明该星系中存在强大的恒星风和热辐射，扼杀了年轻的恒星。NGC 2841 是一个絮状螺旋星系，这意味着它的旋臂较短且不突出。科学家目前还不知道这种星系如何形成新生恒星。

新星

在这幅巨大的恒星视场图像中，中心明亮的点是一颗新星。新星并不是超新星，而是白矮星的一种。这颗新星位于半人马座，起源于某个双星系统中的白矮星。这张照片由澳大利亚赛丁泉天文台的折射望远镜拍摄，曝光时间为 1 分钟。这颗新星实际上非常明亮，但通常在夜空中都呈微弱斑点式存在，新星真实的亮度要比这张照片中的亮度高 1 万倍。新星会吸积白矮星双星系统中伴星的物质，当伴星物质进入白矮星表面时，就会导致白矮星表面爆发，突然增亮，这种现象会持续数周。与其他古老的恒星相比，观测半人马座新星有助于天文学家了解新星中锂元素的流动，锂元素也是大爆炸期间存在的少数元素之一。天文学家推测，新星中多余的锂可能是恒星爆炸的结果，参与到短暂的爆发增亮现象中，宇宙中的大部分锂都是由新星产生的。

< 斯皮策红外望远镜拍摄的银河

NASA 的斯皮策红外望远镜拍摄到这张著名的 RCW 49 星云图像，该天体位于半人马座，距离地球大约 1.37 万光年。在可见光波长范围内，大多数星云中的恒星都无法被探测到，因为它们被大量的尘埃遮挡。这张图片显示了蓝色星云中央存在着一些较为古老的恒星，它们被绿色的气体和粉红色的尘埃笼罩。对 RCW 49 星云及其周围尘埃云中的原恒星进行观测，能够让我们对银河系形成过程有新的认识。

> 仙王座 B

这是一张合成图像，分别由 NASA 钱德拉 X 射线天文台和斯皮策太空望远镜拍摄，展示了仙王座 B 中分子云的主要特征，该天体距离地球大约 2400 光年。仙王座 B 中的分子云主要由分子氢组成，这些物质来自星系形成之后的残余物，属于星际气体和较冷尘埃区域。图像底部有很多分子云，紫色区域集中了一些年轻的恒星，释放着较强的 X 射线。最新的研究表明，仙王座 B 星云中的恒星形成区被一颗名为 HD 217086 大质量恒星的辐射激活，该恒星位于分子云之外。恒星辐射推动粒子冲击波进入致密的气体云中，激发了气体云内部形成新的恒星。

< 2015 年英仙座流星雨

这张图像展示了 2015 年英仙座流星雨爆发时的情景，拍摄地点位于西弗吉尼亚州云杉岭上，曝光时间为 30 秒。英仙座流星雨出现于每年 8 月，当地球穿过斯威夫特彗星残骸时，彗星碎片坠入地球大气层形成流星雨。英仙座流星体以每小时 214 360 千米的速度进入地球大气层，单体大小与沙粒相当，一些流星体直径会大一些，相当于弹珠的大小。流星体与大气层发生剧烈摩擦，形成流星雨。流星很少能落到地面上，绝大部分都会在大气层中烧毁，落到地面上的流星体被称为陨石。

∧ 2009 年英仙座流星雨

这张图像是 2009 年英仙座流星雨爆发时拍摄的，该年也是英仙座流星雨的极大值年，意味着有更多的流星体进入大气层。7 年后的 2016 年，科学家又一次成功预测了英仙座流星雨爆发，流量达到 2009 年的 2 倍之多，天空中每小时会出现 200 颗流星。通常情况下，地球几乎不会掠过斯威夫特彗星的碎片带，但是有时候，木星的引力会将碎片带推向地球轨道方向，当地球穿过其中时就形成了流星雨。

< 象限仪座流星雨与极光

这是 2008 年由多仪器飞行计划项目组拍摄的一张合成图像，该计划是将观测设备安装在飞机上，对流星雨进行成像。图中显示的是象限仪座流星雨，与双子座和英仙座流星雨相比，象限仪座流星雨的流星数量并不多。但是，象限仪座流星雨也有自己的特点，比如，彗星体有着巨大的发光尾迹，在天空中形成可见的条纹。在观测期间，多仪器飞行计划项目组每小时观测到超过 100 个流星体，图像左侧的红色光来自飞机尾部的航标灯，右侧则是绿色的极光。

< 艾桑彗星向近日点飞去

在亚拉巴马州汉斯维尔的马歇尔飞行中心，科学家使用一架 14 英寸的望远镜拍摄到这张艾桑彗星图像，曝光时间长达 3 分钟。艾桑彗星在飞往近日点的过程中被科学家全程观测。在图像中，这颗彗星与太阳的距离为 7080 万千米，与地球的距离则为 1.56 亿千米，此时，艾桑彗星的速度为每小时 22 万千米。许多靠近太阳的彗星都会得到充足的太阳光照，变成夜空中最明亮的天体之一，但这并不是艾桑彗星的命运。在抵达近日点的那一天，艾桑彗星解体了。在即将解体之前，艾桑彗星的彗尾是满月宽的 20 倍，黎明前都肉眼可见。

位于地球上方的银河

远征 41 号机组成员里德·怀斯曼登上国际空间站，在非洲沿海上空拍摄了这张惊人的照片。星光熠熠的夜空和银河“悬挂”在地球上方，隐约可见的橙色区域，就是著名的撒哈拉沙漠。撒哈拉沙漠在阿拉伯语中是“大沙漠”的意思，面积达到 940 万平方千米，这是地球上最大的热带沙漠，其规模只有北极和南极洲的寒带沙漠可以比拟。

夜空下格陵兰岛北极星湾上的冰山

2015 年 3 月 21 日凌晨 2 点 30 分，科学家杰里米 · 哈贝克拍摄了这张照片，格陵兰岛北极星湾的冰山在夜空的映衬下显得格外壮观。每年的这段时间，北极处于极昼时期，太阳没有完全落到北极圈内的地平线下，因此在图像左侧仍然可以看到地平线上的微弱光照。右侧发亮的是美军在格陵兰北部的空军基地，也是美国最北的军事基地，天空中飘浮着银河和几颗几乎看不见的流星。尽管冰山看起来很小，它还是大约相当于一栋大型公寓楼的大小。

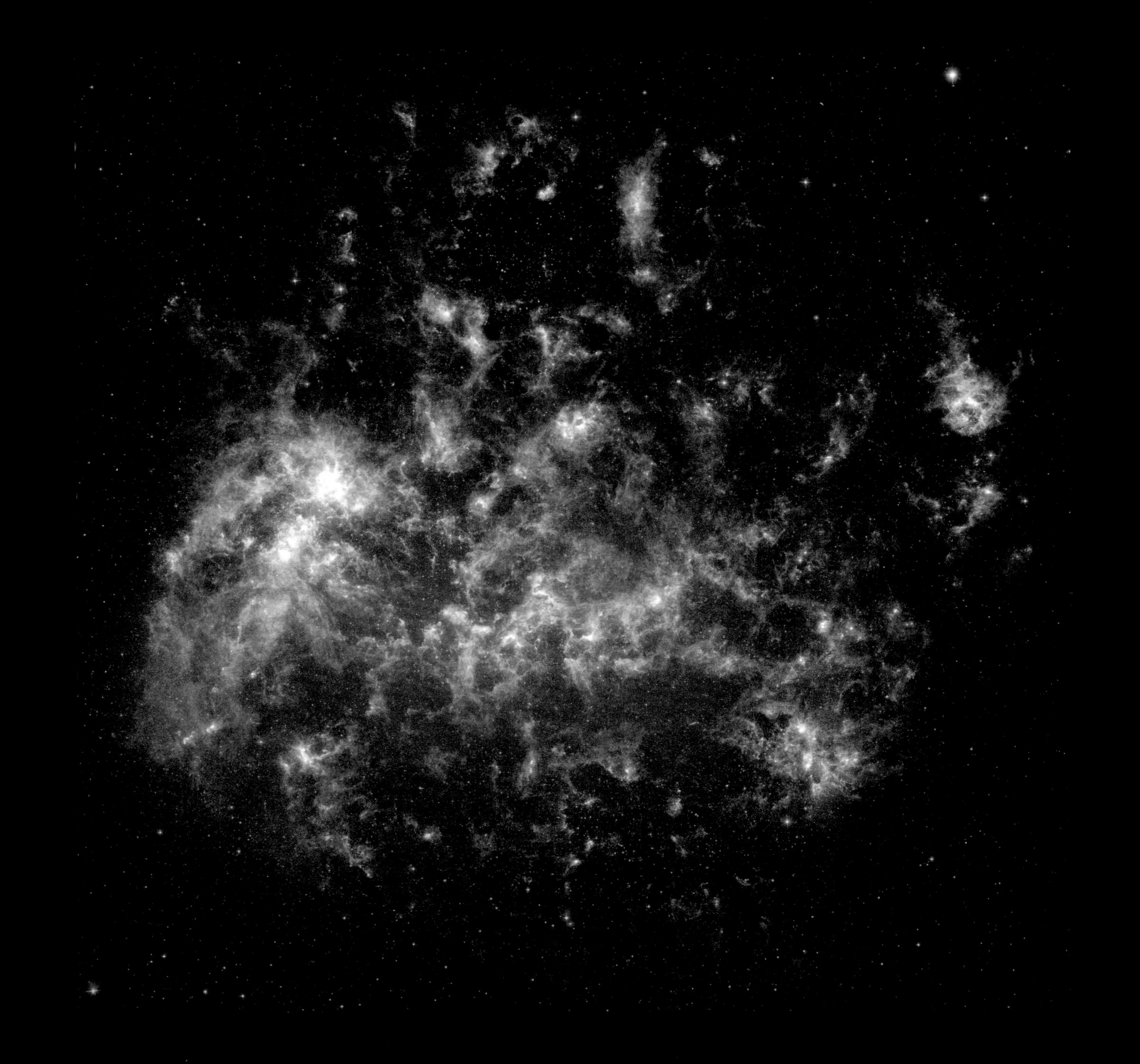

大麦哲伦星云

大麦哲伦星云是一个围绕我们银河系运行的矮星系，距地球约 16 万光年。虽然它的体积很小，只相当于银河系宽度的三分之一，但它却是一个庞大的恒星形成区所在地。其中最著名的应该是塔兰图拉毒蛛星云，或者称之为剑鱼座 30，这也是距离我们最近的恒星形成区之一，这里有大量的气体、紫外线辐射和爆发活动。大麦哲伦星云也是肉眼可见的三个星系之一，这张斯皮策太空望远镜的红外合成图像由成千上万张单独的图像组成，可显示大约三分之一的银河系，展示了银河系内处于不同生命周期的恒星和尘埃。中间那些发射蓝色星光的天体是年龄偏大的恒星，其上方明亮的颜色区域显示出一些被尘埃遮挡的新星，而散布在整个图像中的许多红点则是遥远的星系，它们的直径可能如银河系般庞大。淡红色的区域是恒星加热过的尘埃，而淡绿色区域是大量星际气体和尘埃颗粒混杂的区域。科学家不仅通过这张图像发现了大约 100 万个先前未知的天体，还更好地了解到尘埃分子颗粒是如何帮助新恒星和星系形成的。

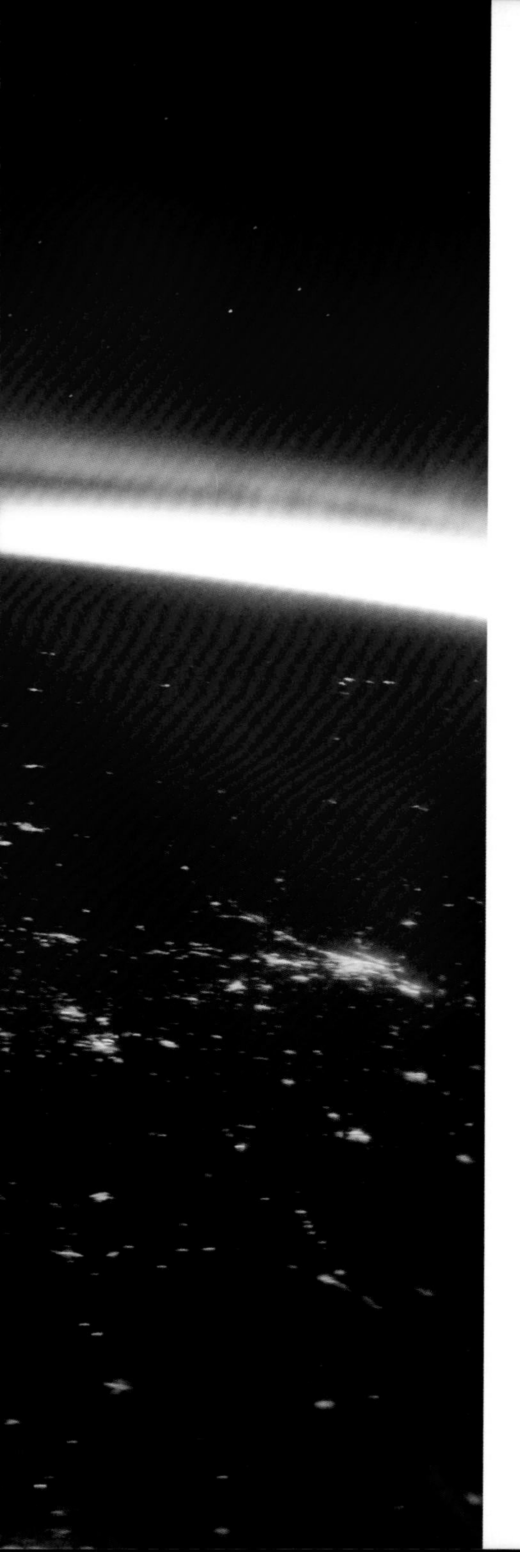

莫斯科上方的极光

这张展示莫斯科上方极光的图像由远征 30 号机组成员在国际空间站上拍摄。在图像的左侧，我们可以看到国际空间站的太阳能电池板，而太阳光则从图像的右侧照射过来。明亮的绿色光环是北极光，其位置应该在莫斯科以北方向。极光的出现取决于多种因素，从天气到太阳活动，再到地理位置，都会影响极光的形成。极光通常出现在 9 月下旬至次年 3 月下旬的晚上 9 点至午夜。

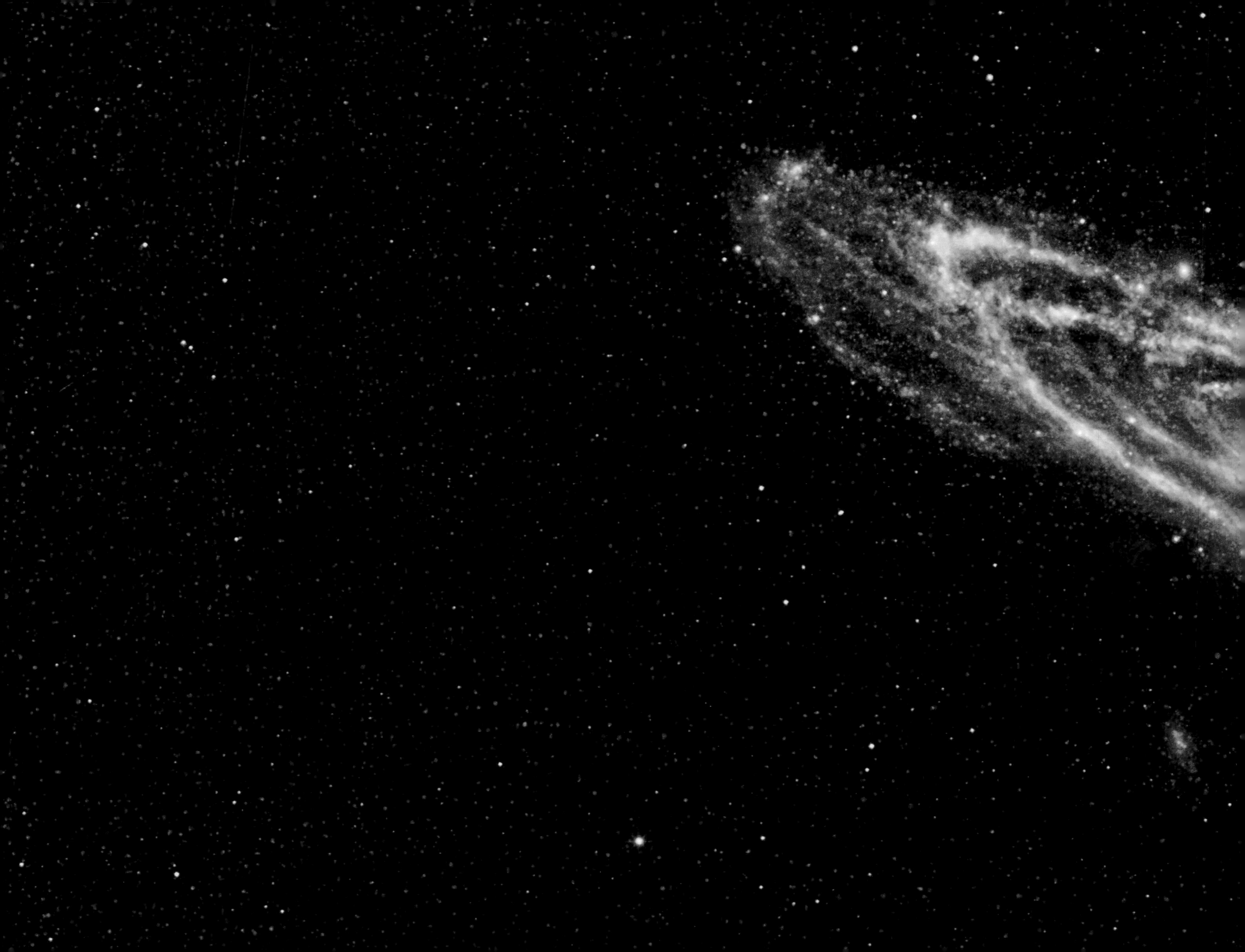

红外波段下的仙女座星系

本张图片由 NASA 广域红外巡天探测者拍摄，从红外波段视角展示了仙女座星系的整体面貌，仙女座星系的旋臂上有着大量的尘埃。科学家认为，在大约 37.5 亿年内，仙女座将以每秒 100 千米的速度接近我们，与银河系碰撞并形成一个巨大的椭圆星系。一些天文学家认为，仙女座星系是由两个较小的星系在 50 亿 ~90 亿年前碰撞而形成的。

超级月亮

这张图像拍摄于 2018 年 1 月 31 日，星空观测者捕捉到一种罕见的超级蓝色血月，拍摄地点位于加利福尼亚州沙漠国家公园特罗纳峰。图像中的地貌与月球一样引人注目，其周围的岩石结构属于块状碳酸钙岩石，很可能形成于 1 万 ~10 万年前的水下。

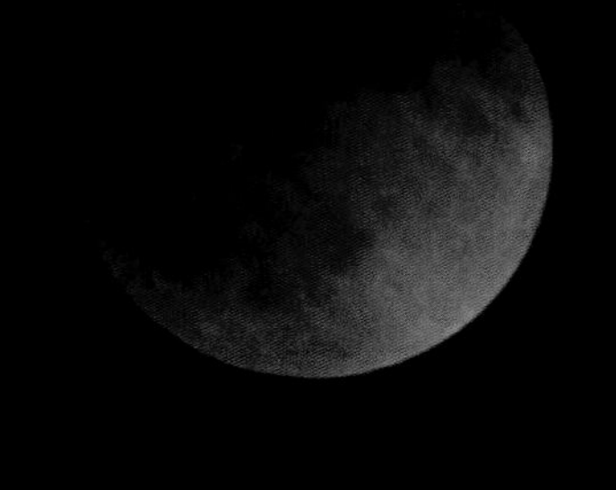

月全食

2014 年 4 月 15 日，这是当年的第一次月全食，美国天气条件最佳的地区都可见。在月全食期间，月亮从血红色变成深棕色，这张照片拍摄于加利福尼亚州圣何塞。图中，月球进入地球的本影，呈红色。地球的本影在边缘处呈红色，这是因为地球大气散射了太阳光，滤除了可见光谱中的其他颜色。太阳、地球和月球组成的天体系统每年约有两次月食事件，只不过一些月食带处于人迹罕至的区域，无法被观测到。

∧ 国际空间站掠过美国上空

在这张 30 秒曝光的图像中，国际空间站从美国弗吉尼亚州埃尔克顿上空掠过。国际空间站通常在地球表面上方 400 千米的轨道上运行，我们可以从地面上看到它，类似于飞机（但没有闪烁的灯光或方向变化）或者可移动的恒星。国际空间站的移动速度为每小时 2.8 万千米，飞机的飞行速度为每小时 965 千米，你可以通过交互式地图跟踪国际空间站的位置。由于空间站一天内要绕地球转数圈，穿过地球上 90% 人口的居住区，因此一天内你可以观测到空间站一次或者两次。

∧ 正在升起的月亮

宇航员斯科特 · 凯利捕捉到这张正在升起的月球美景，月球升到了地球大气的边缘附近。从侧面看，地球就像一块扁平的圆盘，其大气类似于发光的彩色光晕。凯利在国际空间站度过了将近一年的时间，在太空共待了 520 天。他的工作重点是增进我们对人体在太空中长时间生活的了解。

极光

这张图像拍摄于国际空间站，下方是新西兰南部，天空中还出现了南极光。宇航员在国际空间站的穹顶观测站对地球进行观测，该站有 7 个朝向地球的玻璃观测面。极光是一种自然现象，当太阳风中的带电粒子撞击到地球大气层时，就形成了极光。这种碰撞发生在南北两极，极光的颜色从紫色到绿色都曾出现过。

加拿大奥罗拉上空的北极光

在远征 53 号机组抵达国际空间站时，宇航员在地球上空的最高点拍摄了这张照片，空间站下方是加拿大奥罗拉。国际空间站的太阳能电池板清晰可见，位于图像的左侧。呈波浪状起伏的北极光所覆盖的区域，看起来比在国际空间站观测到的极光区更大。

金色的极光

宇航员萨曼莎·克里斯托弗雷蒂从国际空间站拍摄了这张发光的金色极光的照片，下方陆地为英国、波罗的海地区和波斯湾等。你可以区分极光和气辉，因为极光形成了一个围绕地球磁极的环，而气辉则会辐射整个天空，并且一直存在。根据地球大气中的气体光谱，以及太阳风与原子和分子相互作用的高度，极光在不同的时间也会呈不同的颜色。

< 冬至的满月

这张照片记录了 2010 年 12 月 21 日发生的罕见事件：满月与冬至同时发生，月食持续了 3 小时 28 分钟。自 1793 年以来，满月与冬至重叠的次数正好是 10 次，而下次发生的时间将是 2094 年。尽管气象学家认为 12 月 1 日是冬季的第一天，但天文学家和其他大部分人却将 12 月 21 日视为冬季正式开始的时间。气象季节根据一年中的温度周期确定，而天文季节则以地球相对于太阳的位置来确定。

∧ 丰收月

在某些民间传说中，每个满月都有一个特定的名称和内涵。靠近秋分点的满月被称为丰收月。尽管大多数农作物收获时间都在 9 月，但每隔 3 年左右，收获时间就会延迟到 10 月初。

都灵上空的满月

一名远征 23 号机组成员在国际空间站拍摄到这张图像，下方是法意边界，能清楚看到利古里亚海，还能看到意大利都灵、法国里昂和马赛等大都市地区。满月的光芒映射到利古里亚海面上。当国际空间站绕地球旋转时，会捕获来自太阳的闪光，或海面上映衬阳光的图像。在这张图中，满月的光芒产生了空灵、缥缈的效果。

< 华盛顿纪念碑上方的超级月亮

当月球运行到近地点时出现满月，就被称为超级月亮。这张照片拍摄于 2015 年 9 月 27 日，位于华盛顿纪念碑后面。下一次超级月亮发生时出现月全食，则要等到 2033 年。在月食期间，月球穿过地球的阴影并反射、折射太阳光，这让月球在天空中变成了红色。之所以会出现超级月亮，是因为月球的轨道不是一个完美的圆，并且有时候月球离地球更近一些。月球运行到近地点（或最接近地球的位置）时，比最远点时距地球更近，差值大约为 4.9 万千米。近地点的满月显得比正常的月亮大 14%，亮 30%。在这个特殊的超级月亮时期，整个月食持续了 1 小时 12 分钟，在北美和南美、欧洲、非洲以及西亚和东太平洋的部分地区都可以看到。

> 超级血月

这张血红色的超级月亮照片拍摄于 2018 年 1 月 31 日，由于许多原因，这个月亮很独特。这次超级月亮出现在月球离地球最近的时候，并且亮度比我们平时看到的月亮高 14%，这也使其成为超级月亮。这张照片也是该月的第二个满月，被称为蓝月亮。最重要的是，月球穿过了地球的阴影区，导致月亮在形成完整月食时更红，所以我们称之为血红色的超级月亮。

满月

这是一张合成的图像，显示了月球表面的基本情况，照片由月球侦察轨道飞行器上的月球轨道激光高度计进行测量并绘制。尽管月球有一面始终对着地球，但月球轨道的倾斜为我们提供了一系列不同的观测角度。29.5 天是月球的“周期”，从一个新月开始，之后会达到满月，然后逐渐亏缺，直到下一个周期重新开始。月球轨道激光高度计负责的高度测量是以前所有月球观测任务总和的 10 倍以上。在这幅图像中，月球视图是基于月球北半球进行测绘的。从月球南半球来看，这幅图就需要旋转 180 度了。

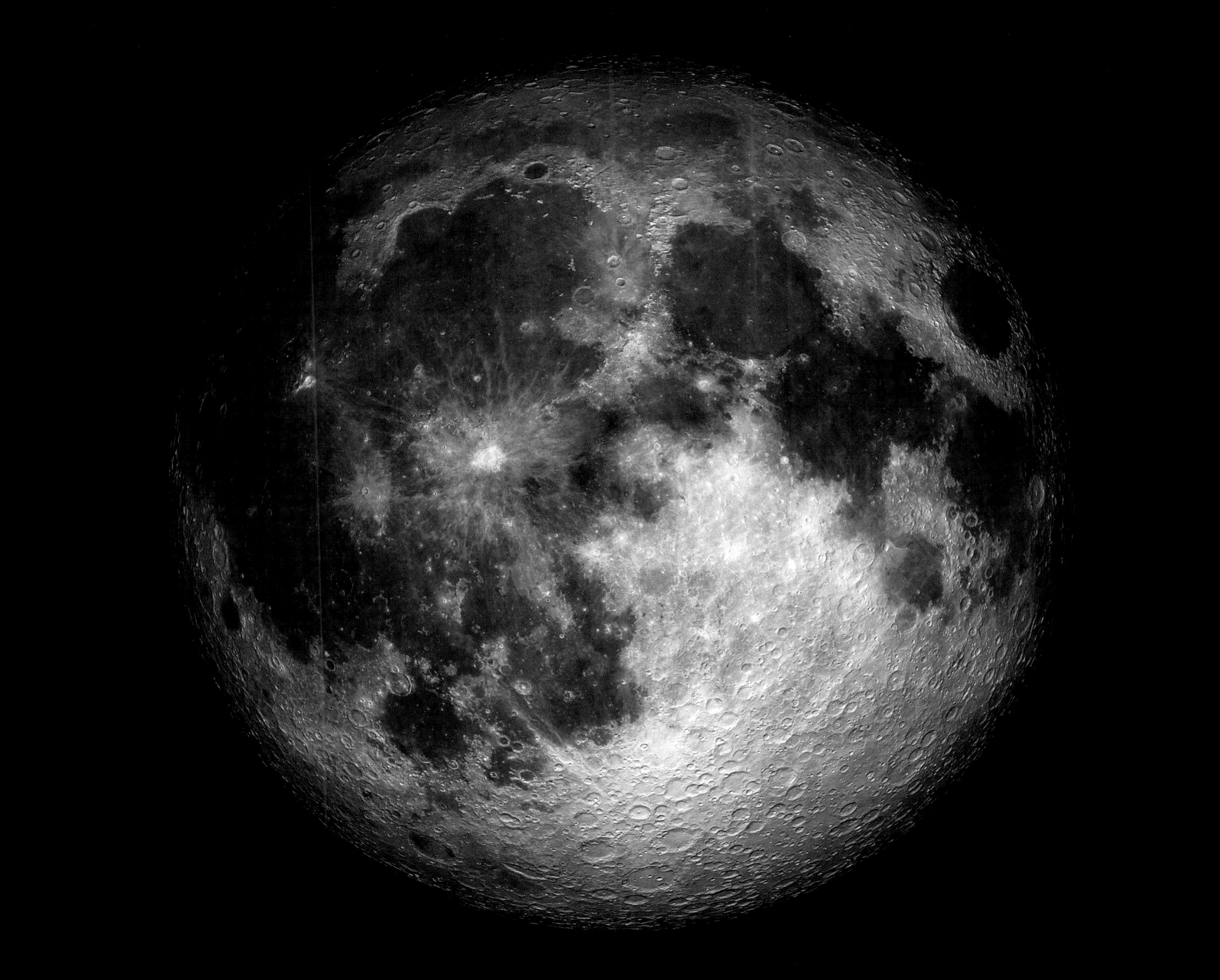

< 光芒四射的日落

这张美丽的日落图是星空观测者于 2010 年 10 月 13 日在 NASA 肯尼迪航天中心拍摄的。鲜为人知的是，当我们看到太阳下沉到地平线以下时，其实它早已消失了。这种视觉上的错觉是因为大气弯曲了太阳光，由于我们的大气层像棱镜一样，在日落时会产生光的散射效应。如果地球没有大气层，那么太阳落到地平线之下就会实时发生，没有其他光学效应的影响。

> 日全食

2017 年 8 月 21 日，日全食席卷了整个美国。这张图片是俄勒冈州马德拉斯上空的日全食。日全食平均每三年发生一次，在地球的偏远地区都能看到。但在北美，从东海岸到西海岸都能看到这种现象的频率要低得多。实际上，整个非洲大陆最近一次的日食发生在 1918 年 6 月 8 日。2017 年的日食期间，美国是唯一一个被日全食带覆盖的国家。在整整两分钟的时间里，有 14 个州漆黑一片，俄勒冈州是第一个经历这一罕见事件的州。

WHITE BUFFALO
HOME
GUEST
1:38
DOWN
TO GO
BALL ON
QTR
T.O.L.
T.O.L.

贝利珠

这张照片拍摄于 2017 年 8 月 21 日的日全食期间，日全食跨越了从太平洋到大西洋沿岸的整个美国。在日全食期间，我们可以看到太阳的日冕，以及一系列发光释放的耀斑。日冕中的红色斑点被称为贝利珠，当太阳光线穿过月球上崎岖不平的山脉时会出现这一现象。光线从太阳表面射出，进入月球上的山谷中，我们在地球上就可以看到明亮的红色斑点。贝利珠这种现象通常会持续几秒钟，最多可以保留 1 分钟。

闪闪发光的星系

在这张图像中，两个星系并排出现，分别是 M-81（波德星系，位于右侧）和 M-82（雪茄星系，位于左侧）。这张彩色图像由 86 次 30 秒曝光的图像叠加拼接而成，覆盖了天空的一平方度区域。M-81 和 M-82 两个星系都位于北斗七星指极星（天璇与天枢）西北 10 度的大熊星座中，两个星系彼此之间相距约 15 万光年。M-81 距地球约 1200 万光年，是一个螺旋星系，质量约为 500 亿太阳质量（即 500 亿颗太阳的质量）。M-82 是星暴星系，或正在经历较高恒星形成率的星系，它的星系盘由于 M-81 的引力作用而变形。

烽火恒星云

NASA 的广域红外巡天探测者捕获到了这张 O 型变星御夫座 AE 被烽火恒星云包围的图像。烽火恒星云跨度大约为 5 光年，距离地球 1500 光年。该星云由发射星云和反射星云组成，前者发射各种颜色的光，后者反射御夫座 AE 的光，形成了绚丽多彩的星云。御夫座 AE 本身是一颗失控的恒星，最有可能的形成原因是两个双星碰撞后，御夫座 AE 被踢出了该系统。

< 猎户之剑

NASA 的斯皮策太空望远镜捕捉到猎户座剑心处的恒星形成区图像。猎户之剑包括三颗星：猎户座（Orionis）、猎户座泽塔星（Theta Orionis）和伐三（Hatysa）。其中最南端的伐三是一颗发光的巨型恒星，属于 O 型恒星，这意味着它的质量是太阳的 15~90 倍，光度是 4 万 ~100 万倍。不过，在猎户座泽塔星中心区域，包含由数千个年轻恒星组成的星云。在这张图片中，我们可以看到被称为猎户星云的壮观区域，位于猎户之剑的中心附近。

> 麒麟座中的玫瑰星云

令人回味的玫瑰星云位于麒麟座中，麒麟座由一团微弱的恒星组成，距地球约 1852 光年。除了名字独特外，麒麟座还包括一个三恒星系统，该系统由一对质量超过 100 个太阳的双星和锥状星云组成。这张图片来自美国国家航空航天局广域红外巡天探测者。花朵状的玫瑰星云也被称为 NGC 2237，是一个巨大的恒星形成云，距离地球 4500~5000 光年。

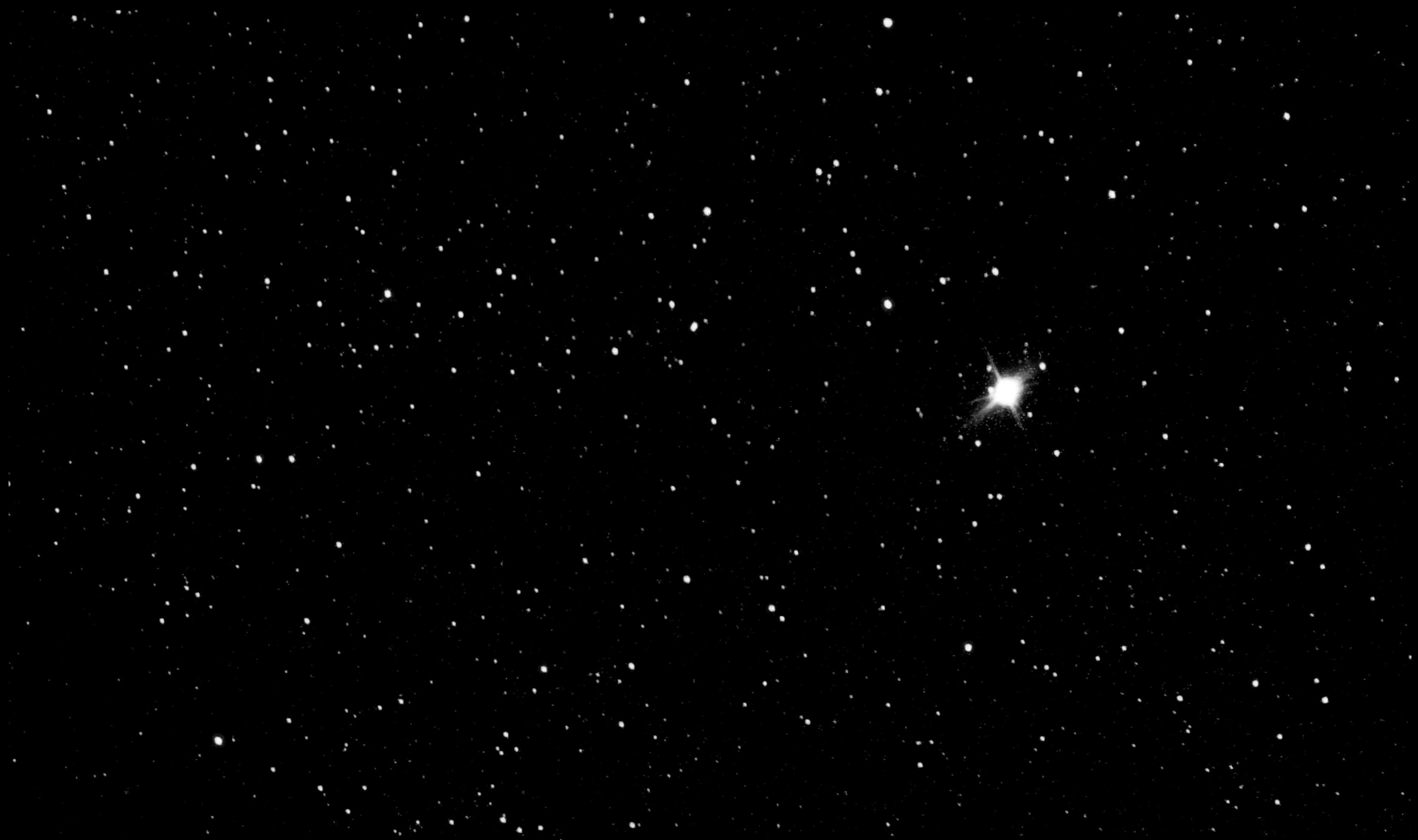

船底座中的老人星

远征 6 号机组的宇航员唐纳德 · 佩蒂特登上国际空间站时拍了这张照片，展示了南天船底座中最亮的老人星，这是夜空中仅次于天狼星的第二亮恒星。老人星距离地球 300 光年，呈黄白色，质量是太阳的 65 倍。在南半球，天狼星和老人星在苍穹中可见且非常明亮。

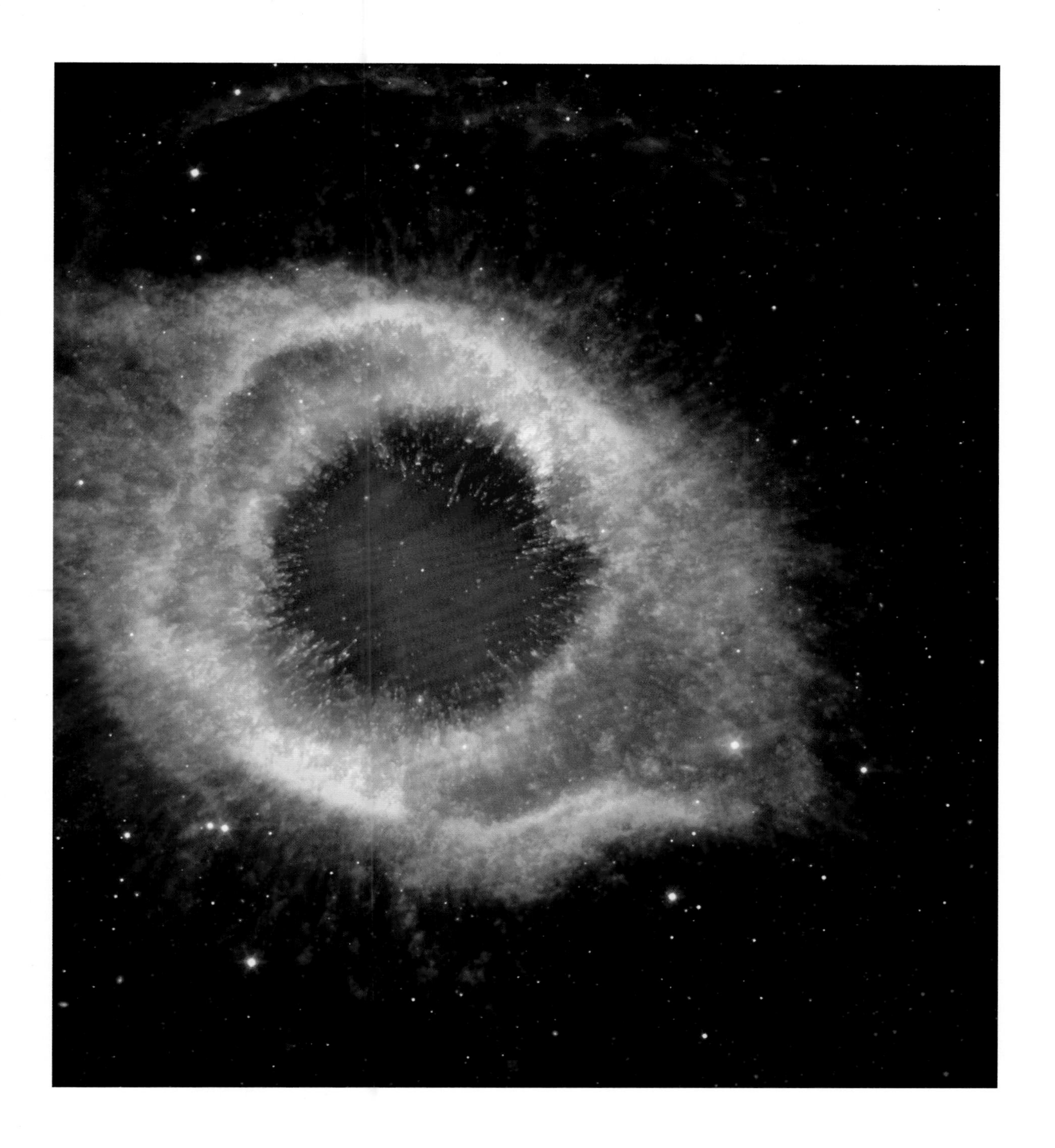

螺旋星云

这是一张螺旋星云的图像，该天体位于水瓶座，距离我们大约 694.7 光年，这张图像由哈勃和斯皮策太空望远镜联合观测后叠加合成。螺旋星云是行星状星云，曾经非常像我们的太阳，但如今已经变成了残骸。这颗曾经存在的恒星核心发生了剧烈的核聚变反应，将氢转化成氦，之后发生爆发并死亡。螺旋星云是最接近我们太阳系的星云，由于其外观独特，又被称为上帝之眼。但是，业余爱好者在观测时，可能无法看清其内部的条纹，只有大型地面望远镜才能捕捉到其径向条纹。

夜空中的蝎虎座与明亮恒星

这张图像由哈勃太空望远镜拍摄，抓拍到了一个明亮的、不规则星系，我们称为 NGC 7250，位于图像的右侧。该天体位于蝎虎座，距离地球约 4500 万光年，在这个外观呈蓝色的星系内部，恒星形成率远高于银河系。2013 年，科学家在星系中探测到了一次爆发，收到信号之后的 2.4 小时就确定了一颗刚刚诞生的超新星，这使其成为当时确认速度最快的超新星。在这张图片中，星系的辐射率仅次于它左边的明亮恒星，即 TYC 3203-450-1，在与地球的距离上，它比 NGC 7250 近了 100 万倍。TYC 3203-450-1 是所谓的前景恒星，强大的光芒阻碍了天文学家研究其背后天体。

< 著名的“神秘山”

这张图像由哈勃太空望远镜的广域行星 3 相机拍摄，呈现出新生恒星集群的近红外图像，它们距离地球大约 7500 光年，位于船底座星云中。“神秘山”的透明效果是由众多背景恒星释放的红外光穿透前景气体和灰尘形成的，可在星云内部看到几颗明亮的恒星。船底座星云由高温恒星发出的紫外线和恒星风形成，创造出引人注目的气体“山”，并因此获得“神秘山”的称号。船底座星云也是星云状斑块的所在地，由相对年轻的恒星以相反方向释放气体喷流产生。

> 天蝎座的爪子

这是反射星云 DG 129 的红外光谱图像，由 NASA 广域红外巡天探测者拍摄。DG 129 位于天蝎座，距离我们仅 500 光年，科学家将其喻为从宇宙黑暗中伸出来的手臂和手。反射星云之所以可见，是因为附近的光源会向其照射光。右边明亮的绿色恒星是房宿一，是反射星云的关键组成部分，也是天蝎座标志性的“爪子”。

反射星云 NGC 1333

这张反射星云 NGC 1333 的合成图像来自 NASA 的钱德拉 X 射线天文台和斯皮策太空望远镜。粉色区域由钱德拉 X 射线天文台拍摄，红色区域来自斯皮策太空望远镜的红外数据。该图像的其他光学数据由位于亚利桑那州图森市的数字化天空调查和国家光学天文台拍摄，科学家使用钱德拉 X 射线天文台的数据发现了 95 颗新恒星，其中 41 颗是单独使用钱德拉红外数据之前从未发现过的。许多反射星云的主色调为蓝色，这是附近恒星从尘埃云反射光线的结果，星云中尘埃颗粒的大小与蓝光的波长相当，蓝光的散射率更高。

蟹状星云

这张蟹状星云的彩色图像来源于 5 个望远镜的数据：红色部分由甚大射电望远镜拍摄，黄色部分由斯皮策红外太空望远镜拍摄，绿色部分由哈勃太空望远镜拍摄，蓝色部分由 XMM- 牛顿望远镜的紫外通道拍摄，而紫色部分为钱德拉 X 射线天文台拍摄。蟹状星云是夜空最著名的超新星遗迹之一，它由中国天文学家于 1054 年首次发现，其零星的残留物至今仍在银河系中飘浮。超新星是死亡并发生爆炸的恒星，可形成异常明亮的能量释放，将大部分恒星物质送入太空。目前有两种常见类型的超新星：第一种为 1 型超新星，产生于双星系统中，白矮星吸积伴星物质，当白矮星质量太大时，就会发生爆发；第二种超新星产生于一颗大质量恒星生命周期结束时，被称为 2 型超新星。只有质量较大的恒星才能实现这种超新星爆发，这意味着我们的太阳是不可能发生超新星爆发的。当恒星的核燃料耗尽时，其质量会被逐渐吸入核心。内核质量增大，以至于其引力使恒星自身坍缩，导致超新星爆发。蟹状星云的尘埃云由蟹状脉冲星推动，蟹状脉冲星是一颗快速移动的中子星。中子星是超新星形成后留下的天体，位于星云的中心。脉冲星的存在表明，蟹状星云属于 2 型核坍缩超新星，因为 1 型超新星不会产生脉冲星。

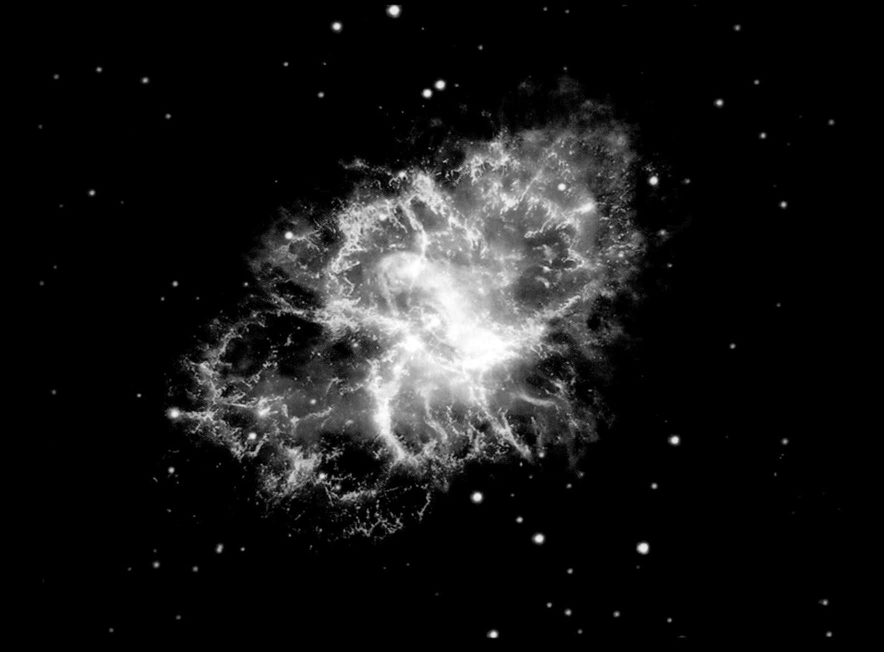

英仙座 GK 新星

英仙座 GK 新星又名烟花新星，钱德拉 X 射线天文台在 2000—2013 年的 13 年间追踪了这颗经典的新星。早在 1901 年，英仙座 GK 便是夜空中最明亮的可见天体之一。新星形成的机制是白矮星表面发生热核爆炸，产生新星，这是类太阳恒星逐渐演变成的恒星。新星类似于小规模的超新星，也属于恒星能量释放。新星现象比超新星更普遍，从钱德拉 X 射线望远镜收集的 13 年数据中可知，英仙座 GK 的碎片扩张速度达到每小时 112 万千米，这意味着它向外膨胀了 1450 亿千米。

BIBLIOGRAPHY 参考书目

Dickinson, Terence. *NightWatch: A Practical Guide to Viewing the Universe*. Richmond Hill, ON: Firefly Books, 2016.

Kaliff, Will. *See It with a Small Telescope*. Berkeley, CA: Ulysses Press, 2017.

Nordgren, Tyler. *Sun Moon Earth: The History of Solar Eclipses from Omens of Doom to Einstein and Exoplanets*. New York: Basic Books, 2016.

Pederson, Daryl, and Calvin Hall. *The Northern Lights: Celestial Performances of the Aurora Borealis*. Seattle, WA: Sasquatch Books, 2015.

Starkey, Natalie. *Catching Stardust: Comets, Asteroids, and the Birth of the Solar System*. New York: Bloomsbury Sigma, 2018.

网络资源

NASA, www.nasa.gov

NASA Earth Observatory, www.earthobservatory.nasa.gov

IMAGE CREDITS 图片来源

封面：金色的极光
Credit: ESA/NASA/Samantha Cristoforetti
https://images.nasa.gov/details-iss042e037846.html

封底：夜空下格陵兰岛北极星湾上的冰山
Credit: NASA Earth Observatory
https://www.flickr.com/photos/gsfc/17288702816/in/album-72157670516867236/

第Ⅱ页：2016年的英仙座流星雨
Credit: NASA/Bill Ingalls
https://www.nasa.gov/image-feature/perseid-meteor-shower-2016-from-west-virginia

第Ⅴ页：明亮的仙女座星系
Credit: NASA/MSFC/MEO/Bill Cooke
https://www.nasa.gov/topics/solarsystem/features/watchtheskies/andromeda-galaxy.html

第2~第3页：国际空间站上观测宇宙天体
Credit: NASA
https://www.nasa.gov/image-feature/stargazing-from-the-international-space-station

第4页：半人马座欧米伽球状星团
Credit: NASA/JPL-Caltech/UCLA
https://images.nasa.gov/details-PIA13125.html

第5页：人马座 A*
Credit: NASA/ESA/G. Brammer
https://images.nasa.gov/details-GSFC_20171208_Archive_e001362.html

第7页：爆发的气泡
Credit: NASA/JPL-Caltech/E. Churchwell, University of Wisconsin-Madison
https://images.nasa.gov/details-PIA07841.html

第8页：吃豆人星云
Credit: NASA/JPL-Caltech/UCLA
https://images.nasa.gov/details-PIA14873.html

第11页：基律纳的天空
Credit: NASA/University of Houston/Michael Greer
https://images.nasa.gov/details-GSFC_20171208_Archive_e000229.html

第12页：Oriole IV探空火箭升空穿过极光
Credit: NASA/Jamie Adkins
https://images.nasa.gov/details-GSFC_20171208_Archive_e000809.html

第13页：双子座流星雨
Credit: NASA/Marshall Space Flight Center
https://blogs.nasa.gov/Watch_the_Skies/2015/12/09/join-nasas-geminid-meteor-shower-tweet-chat-on-december-13-14/

第14~第15页：气辉
Credit: NASA/ISS
https://www.nasa.gov/image-feature/earths-atmospheric-glow-and-the-stars-of-the-milky-way

第16~第17页：地球高层大气
Credit: ISS Crew Earth Observations Facility/NASA/JSC
https://eoimages.gsfc.nasa.gov/images/imagerecords/91000/91863/iss054e005626_lrg.jpg

第19页：洛夫乔伊彗星掠过南半球的天空
Credit: NASA/ISS/Dan Burbank
https://images.nasa.gov/details-iss030e015472.html

第20页：远眺5950 万千米外的洛夫乔伊彗星
Credit: NASA/MSFC/Jacobs Technology/ESSSA/Aaron Kingery
https://www.nasa.gov/topics/solarsystem/features/watchtheskies/comet-love-joy-ursa-major.html

第21页：从国际空间站看洛夫乔伊彗星
Credit: NASA/ISS
https://images.nasa.gov/details-iss030e017838.html

第22页：距离地球6440 万千米的洛夫乔伊彗星
Credit: NASA/Marshall Space Flight Center/Meteroid Environment Office/Aaron Kingery
https://www.nasa.gov/topics/solarsystem/features/watchtheskies/comet-love-joy-big-dipper.html

第24~第25页：潘斯塔斯彗星
Credit: NASA/MSFC
https://www.nasa.gov/sites/default/files/images/734065main_panst_full.jpg

第26~第27页：洛夫乔伊彗星掠过智利上空
Credit: NASA/ISS
https://spaceflight.nasa.gov/gallery/images/station/crew-30/hires/iss030e020039.jpg

第29页：在大气层中烧毁的天鹅座货运飞船
Credit: NASA
https://www.nasa.gov/content/cygnus-re-enters-atmosphere

第30~第31页：流星从联盟号载人飞船上空掠过
Credit: NASA/Joel Kowsky
https://www.nasa.gov/image-feature/expedition-46-soyuz-rollout

第33页：从远处拍摄的奋进号航天飞机升空
Credit: NASA/Johnson Space Center
https://images.nasa.gov/details-STS113-S-007.html

第34页：近距离拍摄的奋进号航天飞机升空
Credit: NASA/JSC
https://images.nasa.gov/details-sts113-s-037.html

第35页：火箭升空轨迹
Credit: NASA/KSC
https://images.nasa.gov/details-KSC-02pp1124.html

第37页：航天飞机在夜晚发射升空
Credit: NASA
https://www.nasa.gov/multimedia/imagegallery/image_feature_2049.html

第38页：高空尾迹
Credit: NASA/James Mason-Foley
https://svs.gsfc.nasa.gov/10922

第39页：穿过极光的火箭
Credit: NASA/Terry Zaperach
https://images.nasa.gov/details-GSFC_20171208_Archive_e000127.html

第40~第41页：满月下的安塔里斯火箭
Credit: NASA/Aubrey Gemignani
https://images.nasa.gov/details-201407120011HQ.html

第42页：亚特兰蒂斯号航天飞机
Credit: NASA/Troy Cryder
https://images.nasa.gov/details-KSC-2009-6301.html

第43页：哥伦比亚号航天飞机
Credit: NASA/Kennedy Space Center
https://images.nasa.gov/details-KSC-99pp0958.html

第44页：酷似钻戒的日全食
Credit: NASA/Carla Thomas
https://www.nasa.gov/centers/armstrong/multimedia/imagegallery/2017_total_solar_eclipse/AFRC2017-0233-009.html

第46页：2016年出现的夜光云
Credit: ESA/NASA
https://www.nasa.gov/image-feature/space-station-view-of-noctilucent-clouds

第47页：2012年出现的夜光云
Credit: NASA
https://www.nasa.gov/multimedia/imagegallery/image_feature_2292.html

第48页：蛇夫座泽塔星
Credit: NASA/JPL-Caltech/UCLA
https://images.nasa.gov/details-PIA13455.html

第50页：明亮的极光
Credit: ESA/NASA
https://www.nasa.gov/image-feature/space-station-view-of-auroras

第51页：星系盘
Credit: NASA/ESA/Hubble Heritage (STScI/AURA) ESA/Hubble Collaboration; Acknowledgment: M. Crockett and S. Kaviraj (Oxford University, UK), R. O'Connell (University of Virginia), B. Whitmore (STScI) and the WFC3 Scientific Oversight Committee
https://images.nasa.gov/details-GSFC_20171208_Archive_e001956.html

第53页：新星
Credit: NASA/MSFC/ESSSA/Aaron Kingery
https://www.nasa.gov/watchtheskies/new-nova-star-australia.html

第54页：斯皮策红外望远镜拍摄的银河
Credit: NASA/JPL-Caltech/University of Wisconsin
https://images.nasa.gov/details-PIA05989.html

第55页：仙王座B
Credit: NASA/Chandra X-ray Center/JPL-Caltech/Pennsylvania State University/Harvard-Smithsonian Center for Astrophysics
https://images.nasa.gov/details-PIA12169.html

第56页：2015 年英仙座流星雨
Credit: NASA/Bill Ingalls
https://www.nasa.gov/image-feature/perseid-meteor-shower

第57页：2009 年英仙座流星雨
Credit: NASA/JPL
https://www.flickr.com/photos/nasamarshall/28459570870/in/album-72157665270545133/

第58页：象限仪座流星雨与极光
Credit: NASA/Caltech/Jeremie Vaubaillon et al.
https://www.nasa.gov/multimedia/imagegallery/image_feature_991.html

第58页：艾桑彗星向近日点飞去
Credit: NASA/MSFC/Aaron Kingery
https://images.nasa.gov/details-GSFC_20171208_Archive_e001322.html

第59页：位于地球上方的银河
Credit: NASA/ISS
https://www.nasa.gov/image-feature/panorama-of-the-night-sky-and-the-milky-way

第61页：夜空下格陵兰岛北极星湾上的冰山
Credit: NASA Earth Observatory
https://www.flickr.com/photos/gsfc/17288702816/in/album-72157670516867236/
Image Credit: NASA/JPL-Caltech/STScI
http://photojournal.jpl.nasa.gov/catalog/PIA07137

第62页：大麦哲伦星云
Image Credit: NASA/JPL-Caltech/STScI
http://photojournal.jpl.nasa.gov/catalog/PIA07137

第64~第65页：莫斯科上方的极光
Credit: NASA
https://www.nasa.gov/multimedia/imagegallery/image_feature_2221.html

第66~第67页：红外波段下的仙女座星系
Credit: NASA/JPL-Caltech/UCLA
https://images.nasa.gov/details-PIA12834.html

第68~第69页：超级月亮
Credit: NASA/Lauren Hughes
https://images.nasa.gov/details-AFRC2018-0020-07.html

第70页：月全食
Credit: NASA Ames Research Center/Brian Day
https://www.nasa.gov/content/total-lunar-eclipse-0

第71页：国际空间站掠过美国上空
Credit: NASA/Bill Ingalls
https://spotthestation.nasa.gov/message_example.cfm#ExamplePhoto

第71页：正在升起的月亮
Credit: NASA/ISS/Scott Kelly
https://www.nasa.gov/image-feature/moonrise-is-upon-us

第72~第73页：极光
Credit: NASA/International Space Station
https://www.nasa.gov/mission_pages/station/multimedia/gallery/iss029e008433.html

第74~第75页：加拿大奥罗拉上空的北极光
Credit: NASA
https://www.nasa.gov/image-feature/northern-lights-over-canada-0

第76~第77页：金色的极光
Credit: ESA/NASA/Samantha Cristoforetti
https://images.nasa.gov/details-iss042e037846.html

第78页：冬至的满月
Credit: NASA/Bill Ingalls
https://images.nasa.gov/details-201012210003HQ.html

第79页：丰收月
Credit: NASA/Goddard Space Flight Center/Debbie McCallum
https://images.nasa.gov/details-GSFC_20171208_Archive_e001379.html

第80~第81页：都灵上空的满月
Credit: NASA
https://images.nasa.gov/details-GSFC_20171208_Archive_e001240.html

第82页：华盛顿纪念碑上方的超级月亮
Credit: NASA/Aubrey Gemignani
https://www.nasa.gov/image-feature/supermoon-eclipse-in-washington

第83页：超级血月
Credit: NASA
http://www.armaghplanet.com/blog/the-february-night-sky-2018.html

第85页：满月
Credit: NASA/GSFC
https://images.nasa.gov/details-GSFC_20171208_Archive_e001861.html

第86页：光芒四射的日落
Credit: NASA/Dimitri Gerondidakis

https://climate.nasa.gov/climate_resources/87/vivid-sunset/

第87页：全食
Credit: NASA/Aubrey Gemignani
https://www.nasa.gov/image-feature/2017-total-solar-eclipse-above-madras-oregon

第88页：贝利珠
Credit: NASA/Carla Thomas
https://www.nasa.gov/centers/armstrong/multimedia/imagegallery/2017_total_solar_eclipse/AFRC2017-0233-005.html

第91页：闪闪发光的星系
Credit: NASA/MSFC/MEO/Aaron Kingery
https://www.nasa.gov/topics/solarsystem/features/watchtheskies/galaxies1.html

第92页：烽火恒星云
Credit: NASA/JPL-Caltech/UCLA
https://images.nasa.gov/details-PIA13447.html

第94页：猎户之剑
Credit: NASA/JPL-Caltech
https://images.nasa.gov/details-PIA14101.html

第95页：麒麟座中的玫瑰星云
Credit: NASA/JPL-Caltech/UCLA
https://images.nasa.gov/details-PIA13126.html

第96页：船底座中的老人星
Credit: NASA/JSC/ISS/Donald R. Pettit
https://images.nasa.gov/details-iss006e28068.html

第97页：螺旋星云
Credit: NASA/JPL-Caltech/ESA
https://images.nasa.gov/details-PIA03678.html

第99页：夜空中的蝎虎座与明亮恒星
Credit: NASA/GSFC
https://images.nasa.gov/details-GSFC_20171208_Archive_e000084.html

第100页：著名的“神秘山”
Credit: NASA/ESA/M. Livio and the Hubble 20th Anniversary Team (STScI)
https://images.nasa.gov/details-GSFC_20171208_Archive_e002058.html

第101页：天蝎座的爪子
Credit: NASA/JPL-Caltech/UCLA
https://images.nasa.gov/details-PIA13128.html

第102页：反射星云NGC 1333
Credit: NASA/CXC/JPL-Caltech/National Optical Astronomy Observatory/Deep Space Station
https://images.nasa.gov/details-PIA19347.html

第105页：蟹状星云
Credit: NASA/ESA/G. Dubner IAFE, CONICET-University of Buenos Aires et al./A. Loll et al./T. Temim et al./F. Seward et al./VLA/NRAO/AUI/NSF/Chandra/CXC/Spitzer/JPL-Caltech/XMM-Newton/ESA/Hubble/STScl
https://images.nasa.gov/details-PIA21474.html

第106页：英仙座GK 新星
Credit: NASA/GSFC
https://www.flickr.com/photos/gsfc/19362366701/in/album-72157655208938916/